U0391330

作物生产技术

刘恩祥 编著

知识产权出版社
全国百佳图书出版单位

图书在版编目（CIP）数据

作物生产技术/刘恩祥编著. —北京：知识产权出版社，2014.12
（中职中专教材系列丛书）
ISBN 978-7-5130-2748-9

Ⅰ.①作… Ⅱ.①刘… Ⅲ.①作物—栽培技术—中等专业学校—教材 Ⅳ.①S31

中国版本图书馆 CIP 数据核字（2014）第 107417 号

内容提要

本书主要介绍了小麦、玉米、棉花、甘薯、花生和大豆等六种农作物的生产概况，以及作物生长发育、作物与环境栽培管理技术、作物化肥施用技术、病虫害防治技术等内容，有些章节还增加了专项栽培技术。本书突出职业技能培养，内容丰富，可操作性强，并引入可行的新技术、新知识、新方法，旨在拓宽学生的专业视野，增强其适应岗位的能力。

责任编辑：张　珑　　徐家春　　　　责任出版：孙婷婷

（中职中专教材系列丛书）
作物生产技术
ZUOWU SHENGCHAN JISHU
刘恩祥　编著

出版发行	知识产权出版社 有限责任公司	网　址	http://www.ipph.cn
电　话	010－82004826		http://www.laichushu.com
社　址	北京市海淀区气象路50号院	邮　编	100081
责编电话	010－82000860 转 8574	责编邮箱	riantjade@sina.com
发行电话	010－82000860 转 8101	发行传真	010－82000893
印　刷	北京中献拓方科技发展有限公司	经　销	各大网上书店、新华书店及相关专业书店
开　本	787mm×1092mm　1/16	印　张	8.75
版　次	2014 年 12 月第 1 版	印　次	2014 年 12 月第 1 次印刷
字　数	198 千字	定　价	22.00 元

ISBN 978-7-5130-2748-9

青县职业技术教育中心校本教材编委会

主　编：刘恩祥

副主编：吴志合　林建华　张庆和　李志斌　王万胜

编　者：陈德云　王晓威　陈海涛　李文慧

前　言

　　为了使职业教育进一步适应经济转型升级、支撑社会建设、服务文化传承的要求，形成职业教育整体发展的局面，为实现中华民族的伟大复兴提供人才支持，教育部、人力资源和社会保障部、财政部实施了国家中等职业教育改革发展示范学校建设计划，青县职业技术教育中心作为第二批建设单位，经过两年的建设，进行了专业结构调整、培养模式优化的改革创新，形成了服务信息化发展、应用信息化办学的特色，探索了精细化管理、个性化发展的提高教育质量的机制。

　　根据国家级示范校建设要求，充分体现示范校建设取得的成果和成效，我们组织相关人员深入司马庄绿豪农业专业合作社等 20 家企业实地调研，开展了 200 份问卷调查，查找行业标准，了解企业需求，编写了示范校建设教材，本教材是专业教师和企业一线员工智慧的结晶，内容丰富、形式多样，反映了建设过程中最具特色的探索和实践，反映了学校服务县域经济战略、与企业无缝对接的办学实践。

　　教材的形成过程，是全校教师共同总结创建经验的过程，是学习应用现代职业教育理念升华创建价值的过程，也是为进一步适应中国经济升级、增强服务国家战略能力的再思考的过程，它不仅是创建国家中职示范校工作总结的重要组成部分，也是职教人传承和发展的宝贵财富，我们愿将这一文化积淀和职教同仁分享，共同谱写中国职教的美好明天。

　　在此，衷心感谢青县农业局农艺专家专家张庆和；感谢司马庄绿豪农业专业合作社负责人李志斌，青县沃野种植专业合作社负责人王万胜对本书提供的宝贵的建议和专业参考意见；同时也感谢本校教师为本书提供了大量实践依据。正是由于各位职教同仁的共同努力，本教材才得以呈现在读者面前。

　　本书的不当之处，请各位专家、学者、老师们批评、指正。

青县职业技术教育中心校本教材编委会

2014 年 6 月

目 录

第一章 小 麦

小麦是我国主要粮食作物之一，是北方食用最广的细粮作物。小麦栽培历史悠久，在我国粮食生产中，小麦仅次于水稻，在青县则仅次于玉米，位居第二。新中国成立前青县小麦每亩❶产量从未突破过百斤，新中国成立后，随着生产关系的变革、生产力的解放和科学技术的提高，小麦产量大幅度增加。目前小麦亩产量达千斤到处可见，并向均衡增产和大面积优质高产的方向发展。

小麦的子粒营养丰富，含淀粉 60％～80％，蛋白质 8％～15％，脂肪 1.5％～2.0％，并且含有多种人体必需的氨基酸及各种维生素；麦秸、麦糠是重要饲料，秸秆还可用于造纸及编制工艺品。

河北省是主要产麦区，播种面积和总产量约占全国的 10％，居全国第四位。小麦在河北省粮食作物中占首位，播种面积占粮食作物总面积的 35％，产量占粮食总产量的 30％左右。小麦类型和品种较多，适应性强，还可与其他作物配合形成多种形式的复种制度。发展小麦生产对河北省的农业生产有重要意义。

第一节 小麦的生长发育

一、小麦的一生

小麦的一生是指从种子萌发到新种子形成。自出苗至成熟称为全生育期。在河北省，由南至北冬小麦生育期逐渐延长，一般为 230～270 天，春小麦生育期为 100～200 天。

（一）生育时期

根据器官形成的顺序和外部形态的显著变化，一般将冬小麦的一生划分为 11 个生育时期，春小麦划分为 9 个生育时期。通常以麦田中 10％的植株达到某一生育时期为进入这一生育时期的开始；50％的植株达到这一生育时期为该时期的记载时期，以日/月表示。

（1）出苗期：幼苗第一片绿叶露出胚芽鞘 2cm。

（2）分蘖期：植株第一个分蘖露出叶鞘 1～2cm。

（3）越冬期：冬前日平均气温下降到 2℃以下时，植株地上部基本停止生长。

（4）返青期：翌春温度回升到 2～3℃以上时，植株地上部恢复生长，新叶长出 2cm。

（5）起身期：麦苗由匍匐状开始直立生长。

（6）拔节期：主茎第一伸长节间露出地面 2cm。

（7）挑旗期：旗叶叶片全部伸出叶鞘。

---

❶ 1 亩＝666.7m²。

（8）抽穗期：麦穗露出一半（不连芒）。

（9）开花期：麦穗中部小花开花。

（10）灌浆期：子粒开始沉积淀粉，手捏胚乳呈稀糊状。开始于开花后 10 天左右。

（11）成熟期：包括蜡熟期和完熟期。胚乳呈蜡状，子粒变黄，称为蜡熟期。此时粒重达到最大，是收获的适宜期；当子粒变硬、指甲不能切断时，叫完熟期。

小麦的一生可归纳为三个生长阶段和两个发育阶段。营养生长阶段：生长根、叶、分蘖。营养生长和生殖生长并进阶段：生长根、茎、叶、分蘖和穗分化。生殖生长阶段：开花、受精及子粒形成和灌浆成熟。两个发育阶段即春化阶段和光照阶段（图 1-1）。

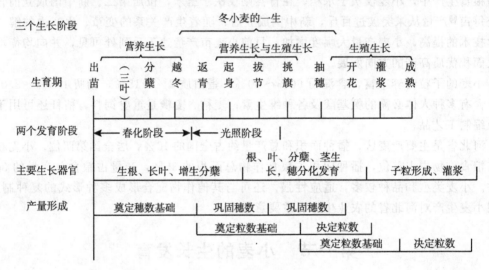

图 1-1　冬小麦的一生

（二）阶段发育

小麦一生必须经历几个循序渐进的、不同质的变化阶段，才能由营养生长转向生殖生长，产生新一代种子，这种阶段性的质变过程就是小麦的阶段发育。

目前对小麦阶段发育了解比较清楚的是春化阶段和光照阶段。春化阶段通过与否的决定因素是温度，因此也叫感温阶段。从种子萌动到整个分蘖期间，只要有适宜的温度条件均能感受春化作用。能否通过光照阶段的决定因素是光照长度，因此又叫感光阶段。从返青到拔节前是对光周期的敏感期，拔节开始标志着完成了光周期的发育。根据小麦对低温和光照长度以及持续时间的要求划分为不同类型（表 1-1）。一般冬性品种是光周期敏感型，半冬性品种属于中等型，春性品种属于反应迟钝型。

表 1-1　小麦的光温类型

类型	要求温度（℃）	需要时间（天）	类型	光照长度（小时）	持续时间（天）
冬性品种	0～3	30～50	反应敏感型	＞12	30～40
半冬性品种	0～7	15～35	反应中等型	12	24
春性品种	5～20	5～15	反应迟钝型	8～12	16

二、器官的形成

（一）种子的萌发与出苗

1. 萌发出苗过程

小麦种子播种后，在适宜的条件下吸水膨胀，种子内部的贮藏物质逐渐转化，当种子吸水达到自身干重的45％～50％时开始萌发。胚根鞘首先突破种皮，称为露嘴，而后胚芽鞘也破皮而出。一般胚根生长比胚芽快，当胚芽达到种子长度的一半，胚根约与种子等长时称为"发芽"（图1-2）。

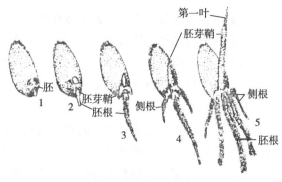

图1-2 小麦子实的萌发过程

种子发芽后，胚芽鞘向上生长顶出地面，胚芽鞘见光后即停止生长，第一片绿叶从芽鞘伸出，当第一叶伸出胚芽鞘2cm时为出苗。胚芽鞘与第一真叶之间的节间（上胚轴）伸长，形成地中茎，将第一叶以上的节和生长点推到近地面2～3cm处。

2. 影响种子萌发出苗的因素

（1）种子质量。作种子用的小麦发芽率要在95％以上，且大而饱满，完整无病虫害。

（2）温度。小麦发芽最适宜温度为15～20℃。低于10℃，发芽慢，易受病菌为害，出苗率低。日平均气温3～4℃时播种，当年不能出土，称"土里捂"。一般在日均温18℃左右播种为宜，播种后6～7天出苗比较合适。

（3）水分与空气。最适土壤的含水量因土质而异，沙质土含水量为14％～16％，壤质土为16％～18％，黏质土为18％～20％。含水量过低，出苗时间延长，出苗率低而且不整齐；含水量过高，土壤空气减少，造成缺氧烂种。

（二）营养器官的形成

1. 根系

小麦根系为须根系，由初生根和次生根组成，初生根在种子萌发时从种子胚中生出，又叫种子根，一般为5条左右，第一片绿叶出现后种子根条数不再增加；次生根发生在分蘖节上，又叫节根，与分蘖同时形成，一般每长一个分蘖，在分蘖节上长出1～3条次生根。

根系的形成和生长到抽穗才停止。根系在土壤中交错分布，主要分布在0～60cm土层内，多集中在0～20cm耕层，耕层根量占全部根量的60％左右，20～40cm的土层内约占30％，其余在更深土层内。

根系发达是实现小麦高产的基础。为促使根系发达，要改善土壤条件，进行深耕，以扩大根系生长范围；合理调节土壤水分，最适宜根系生长的土壤含水量为田间最大持水量的70％～80％；多施磷肥，配合适量的氮肥及钾肥。

2. 茎

小麦的茎由许多个节和节间组成，分为地上茎和地下茎。地上茎一般有4～6个节间，多为 5 个；地下茎的节间不伸长，由 3～8 个节紧缩在一起构成一个节群，埋入土中，通常叫分蘖节。

地上茎各节间的长度自下而上依次增长，以基部第一节间最短，穗下节间最长。茎节一般以第一节间较细，依次向上加粗，穗下节间又渐细。

小麦茎秆节间的长短、粗细等与小麦倒伏关系很大，尤其是与基部一、二节间的关系更大。因此采取栽培措施时要考虑对其基部一、二节间的影响。

茎的生长对光、水、肥等因素十分敏感，充足的光照对茎细胞的伸长有抑制作用，密度过大，田间郁蔽，造成基部节间伸长过长，质量差，容易造成倒伏。氮肥过多，易造成植株体内碳氮比失调，使茎秆发育不良。如果起身拔节期间的肥水过大，会促进基部节间伸长，且又细又薄，抗倒能力降低。因此，生产上除选用抗倒品种外，必须合理密植，适时浇水施肥，增施磷钾肥，适量施用氮肥。

3. 叶

幼苗出土后长出的绿叶是小麦叶的基本类型。小麦主茎叶片数目因品种、播期、气候及栽培条件影响变动较大。但在同一个生态区内，数目是相对稳定的，一般冬性品种多于春性品种；同一品种，早播多于晚播。冬小麦的主茎叶片数多在 12～14 片，冬前 6～8 片，受播期影响较大。返青后的春生叶片一般为 5～6 片，多为 6 片，数目比较稳定。

冬前出生的叶片及春生 1～2 片叶生长在基部，统称为近根叶，功能盛期在拔节以前；着生在茎秆上的叶片多为 5 片；旗叶和旗下叶称为上部叶片，功能盛期在子粒形成及灌浆期；另外 2～3 片茎生叶称为中部叶片，功能盛期在拔节至孕穗期（图 1-3）。

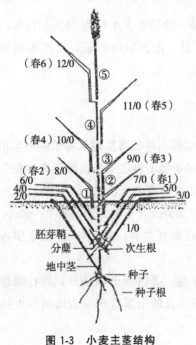

图 1-3　小麦主茎结构

1/0～12/0 为时序；①～⑤为伸长节间

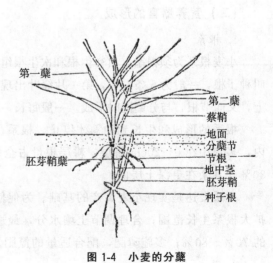

图 1-4　小麦的分蘖

影响叶片大小与功能最有效的措施是施肥和浇水。一般施肥、浇水对当时正在生长的心叶影响不大，影响最大的是其上面的第二和第三叶。因此，要控制或促进某一叶片的生长，必须及早采取措施。

4. 分蘖及成穗

小麦分蘖是从主茎地下茎上长出的分枝。有胚芽鞘分蘖和分蘖节分蘖（图1-4）。

出苗半个月后，幼苗长出3片真叶时，由胚芽鞘节上长出第一个分蘖，即胚芽鞘蘖。胚芽鞘蘖在大田条件下出现概率不高，并受品种特性、播种深度的影响。分蘖节通常有3～8个节，每一个节都有一片绿叶和一个蘖芽，这些蘖芽能否正常发育为分蘖要视条件而定。当主茎伸出第四叶时，主茎第一绿叶内的蘖芽伸出，形成第一个分蘖。以后主茎每增加1片叶，便相应的增加1个分蘖。当分蘖长出第三个叶片时，长出蘖鞘蘖，以后每增加1片绿叶相应增加1个分蘖。主茎上发生的分蘖叫一级蘖，一级蘖上长出的分蘖叫二级蘖，二级蘖也可产生三级蘖。分蘖上产生分蘖的规律与主茎相同。

从三叶期后开始，分蘖不断增加。冬小麦越冬期间，分蘖活动停止。越冬期间有些小蘖死亡，返青后分蘖继续发生，在起身前后达到高峰。此后开始两极分化，一些小蘖逐渐死亡，大蘖则加快发育速度，追赶主茎最后成穗，成为有效蘖。

小麦单株分蘖，春性品种有1～4个，冬性品种可达7～33个，多数分蘖不能成穗，只有那些长出几片绿叶，有了自己的次生根的分蘖才能长大成穗。一般冬前达到4片叶的分蘖成穗率可达95%，而只有2片叶的分蘖，成穗率只有50%。因此，生产上要适时播种，提高播种质量，培育冬前壮苗，这是提高小麦成穗率的有效途径。

5. 穗的形成

1）穗的构造

小麦的穗由穗轴和小穗组成，穗轴由多个小节片组成，小穗由2枚护颖和3～9朵小花组成，每朵小花由1枚外稃、1枚内稃、2枚鳞片、3枚雄蕊及1枚雌蕊组成（图1-5）。

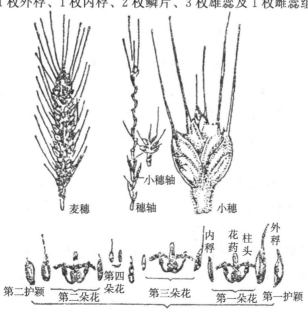

图 1-5　小麦穗的构造

2）穗分化过程

小麦穗的分化形成是一个连续过程，按照分化的先后顺序、形态特点和生产需要，把穗分化划分为8个时期（图1-6）。

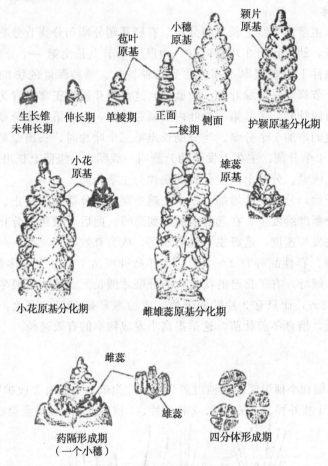

图1-6 小麦穗的分化过程

（1）未伸长期。生长锥尚未开始伸长，宽度与高度接近，呈半圆形光滑突起。

（2）伸长期。生长锥伸长，高大于宽，略呈锥形。标志着茎叶原基分化结束，穗分化开始。在冬暖年份，播种较早的小麦，生长锥在越冬前就开始伸长。一般年份在返青期生长锥进入伸长期。

（3）单棱期。又叫穗轴分化期。此期生长锥上形成许多大小不等的环状突起，形如棱，所以叫单棱期。这些突起是苞叶原基。每一个棱相当于一个穗轴节片，单棱的数目标志着幼穗将形成的小穗数。此时长出春生第一叶。

（4）二棱期。幼穗继续分化单棱的同时，幼穗中部单棱上方又出现一个半球形突起，这个突起就是小穗原基，将来发育成小穗。此时幼穗外观是2个突起形成双棱，所以叫二棱期，二棱期正值小麦起身，春生二叶接近定长。随着小穗原基体积的增大，苞叶原基消失，进入二棱末期，此时春生三叶露出。

（5）小花原基分化期。在幼穗中部的小穗原基上出现颖片原基不久，小穗生长点自下而上出现几个半球形的突起，即是小花原基。小花分化开始不久，小穗原基分化结束，每穗小穗数定型。此时正是春四叶露尖前后。基部一、二节间伸长。

（6）雌雄蕊原基分化期。幼穗中部发育较早的小穗形成了3～4个小花原基时，基部第一个小花的生长锥分化出4个半球形突起，这就是雌雄蕊原基。此时正值春五叶露尖前后，处于拔节中期。河北省南部在4月上旬，北部在4月中旬。

（7）药隔形成期。雄蕊原基在刚形成时呈圆球形，后呈方柱形，自下而上出现纵沟，分化出花药的药隔，将花药分成4个花粉囊。当药隔刚出现时，即为药隔形成期。此时正值冬小麦旗叶露尖前后、拔节后期。

（8）四分体形成期。形成药隔的花药进一步分化发育，形成花粉母细胞，经过减数分裂形成四分体，进一步发育形成花粉粒。旗叶全部露出叶鞘，即挑旗。四分体形成期在河北省南部约为4月底，北部为5月初。

穗分化过程中的环境条件对穗的分化有很大影响。小麦返青起身期正是小穗分化期，是决定小穗数的关键时期。影响因素主要是温度和营养状况，若温度在10℃以下，有较好的水肥条件，持续时间越长，小穗分化时间也越长，小穗数越多。若温度在10℃以上或者更高，则小穗分化时间短，小穗也少，穗子就小。所以，有"春寒大穗"的说法。

小花分化至四分体形成期正是拔节孕穗期，是实现花多、粒多的关键时期。此期对水肥要求十分迫切，如缺肥少水则影响小花发育，尤其四分体形成期，是需水临界期，缺水则花粉与子房发育不良，结实率下降，产量降低。农民所说的"麦怕胎里旱"就是这个时期。此外，温度高于18℃，也不利于生殖细胞的形成，常造成小花数减少。晚播小麦粒数少，与后期高温有密切关系。

6. 子粒的形成和成熟

小麦的开花成熟过程可分为三个阶段：开花受精、子粒形成和成熟阶段。

1）开花和受精

小麦挑旗后10～14天抽穗，抽穗后3～5天开花。一块麦田开花持续6～7天。小麦一天内有两个开花高峰：上午9—11点和下午3—6点。开花后经过传粉、受精进入子粒形成阶段。开花适宜温度为18～20℃，大气适宜相对湿度为70%～80%。

2）子粒形成过程

从受精后坐胎开始到子粒长度达到全长的3/4时称为多半仁，为子粒形成过程，历时9～11天。此时子粒含水量高达70%以上，干物质积累慢，胚乳由清水状逐渐变为清乳状。在子粒形成过程中高温干旱、阴雨、严重病虫害易造成子粒干缩退化。

3）子粒成熟过程

小麦子粒从"多半仁"到完熟是子粒灌浆成熟过程，可分为四个阶段：

（1）乳熟期。历时15～18天。干物质增加迅速。胚乳由清乳状到乳状再变成炼乳状，称为乳熟期。此期末子粒体积达到最大，叫"顶满仓"。子粒变成绿黄色，表面有光泽。

（2）面团期。历时3～5天。胚乳变黏呈面团状，该期末子粒体积开始缩减，灌浆逐渐结束。子粒变成黄绿，失去光泽。

（3）蜡熟期。历时 3～7 天。胚乳变成蜡质状。指甲可以切断，可挤压出蜡状胚乳。植株基本全部变黄，只有穗茎节保持绿色。此时子粒干重最高，是收获的最适时期。

（4）完熟期。子粒缩小，胚乳变硬，茎叶枯黄变脆，易落粒断穗。

子粒灌浆成熟时期需要充足的水分，最适土壤含水量为田间持水量的 75％左右。此时期对氮、磷吸收比较多，但氮素过多易引起贪青晚熟而倒伏，千粒重降低。磷肥、钾肥利于子粒灌浆和成熟，提高粒重和产量，在此期间应注意防治锈病、白粉病、黏虫、蚜虫等病虫害。

 复习题

1. 什么叫小麦的生育期？冬小麦一生划分为哪些生育时期？记载标准是什么？
2. 冬小麦通过春化阶段的温度和天数是多少？小麦分哪几种类型？
3. 影响小麦萌发的因素有哪些？
4. 小麦的根系是怎样形成的？如何促进小麦根系的发育？
5. 小麦不同位置的叶片功能期有什么不同？
6. 小麦分蘖发生在什么部位？随着小麦的生产进程，分蘖是怎样变化的？
7. 小麦穗的形成分哪几个时期，各有何特征？
8. 如何从小麦的外部形态来鉴别穗分化时期？
9. 简述小麦籽粒形成及成熟的过程。

第二节 冬小麦生长发育对环境条件的要求

冬小麦生长发育所需的环境条件是土壤、水分、养分、温度、光照和空气。要获得高产，一方面要因地制宜，选用优良品种；另一方面要创造适宜小麦生长发育的环境条件。

一、土壤

最适宜小麦生育的土壤，应是熟土层厚，结构良好，有机质丰富，养分全面，氮磷平衡，保肥保水力强，通透性好，土地适宜平整的壤土。

二、水分

据研究，每生产 1g 小麦，需 1000～1200g 水。其中有 30％～40％是地面蒸发掉的。小麦生育期间，降水量约占需水量的 1/4，所以浇水和保墒十分重要，小麦一生中各阶段的需水情况是：播种到拔节前的 180 天左右，需水约占全生育期的 35％～40％；拔节到抽穗的 25～30 天中，需水占全生育期的 20％～25％；抽穗到成熟的 35～40 天中，需水占全生育期的 26％～40％。

三、养分

冬小麦生育中所需要的主要营养是氮、磷、钾，它们被称为"三要素"。另外，还需要少量的锌、铜、钼、锰等微量元素。据试验，每生产50kg小麦，一般需要氮3kg，磷15kg，钾2～4kg。小麦在不同的生育时期吸收养分的数量也是不同的，苗期吸收量少，返青后吸收量逐渐加大，拔节到开花吸收量最多，速度最快。因此，必须按小麦需肥规律合理施肥，才能提高肥料效益，获得高产。

第三节　冬小麦的高产栽培技术

近几年来，河北省科技工作者在小麦农艺节水技术研究上有重大突破，对充分发挥水资源效益、提高小麦产量有明显作用。中国农业大学的教授们在吴桥县干旱缺水的示范田里创造了1hm²小麦平均每亩产826kg的高产纪录。2004年，在节水小麦开发区每亩节水100m³，每亩增产100kg。试验田春浇两水，每亩产600kg，一水麦每亩产450kg，不浇水的麦田400kg，创出了一条在缺水等资源限制条件下，大幅度提高小麦产量的新路子。根据各地经验，青县小麦生产要跳出传统的思维方式，确立"低投入，高产出"的新观念，建立节水、省肥、高产、简化栽培技术体系，把小麦生产提到一个新水平。

一、因地制宜，选用优良品种

优良品种必须具备高产、稳产，适应性强的特点。同时还要遵循根据栽培条件和生产水平选用品种、良种良法配套、良种要保持相对稳定等原则。近几年适宜青县推广的品种有：中低水肥的冀麦32、沧6001、沧6002、沧麦119等；中高水肥的轮选987、石麦14、石家庄8号、京9428等。

二、深耕细耙

深耕：深耕主要是加厚活土层，改善土壤物理性状，提高土壤蓄水、保肥能力，有利小麦根系发育，深扎根，扩大根系吸收范围。深度以25cm左右为宜。

细耙："麦苗最怕坷垃咬"，必须耙透、耙匀，使土壤上虚下实，达到耙碎，耙实，无明暗坷垃。

平地打畦：这是节水、保证播种深浅一致的重要一环。要求耕前粗平，耕后抄平，做畦后细平。

三、控制好播种量，适期播种，合理密植

合理密植能调节群体和个体间的矛盾，使每亩穗数、穗粒数和千粒重三个产量构成因素协调增长。小麦每亩穗数、每穗粒数和千粒重的乘积就是每亩产量。每亩穗数的多少起着主导作用。但是如果穗数过多，个体发育就会受到影响；穗数过少了，每穗粒数和粒重会有所增加，但补偿不了因穗数减少而造成的损失。因此，必须遵循"足穗、增粒、攻粒重"的原则，做到以品种定播量，以播期调播量的技术措施，实现合理密植，夺取小麦高产。

在密度上有三条途径：

(1) 以主茎成穗为主，争取部分分蘖成穗。基本苗每亩达 30 万左右，成穗 40 万左右，晚播小麦多采用这种途径，宜选弱冬性品种，如石麦 14、石家庄 8 号等。

(2) 主茎和分蘖成穗并重。基本苗每亩达 20 万左右，冬前每亩分蘖数 60 万左右，春季最高达到 80 万～100 万，成穗 35 万～40 万，适宜中上等麦田，当前主要是以这种方式为主。

(3) 以分蘖成穗为主，基本苗每亩为 10 万～15 万，冬前每亩分蘖数达 60 万左右，春季 80 万左右，成穗 40 万左右。宜选用分蘖力强，成穗率高，穗粒数多，抗倒伏的冬性品种。只适于土壤肥力高、整地精细、适期早播的麦田，在青县因地力水肥、种植习惯等原因不太适宜。

四、实行测土配方施肥

测土配方施肥是根据土壤中养分的含量、目标产量的需肥量，缺什么补什么，缺多少补多少的原则进行科学施肥的方法。"麦收胎里富"。在肥料的运筹上，应坚持"以有机肥为基础，足氮、控磷、施钾、配微"的原则。在测土配方施肥的基础上，以底肥为主，追肥为辅。底肥以有机肥为主，化肥为辅，氮、磷、钾均衡施肥，适量补充微肥。

有机肥能培肥地力，改良土壤，增加土壤保水、保肥能力，一般高产麦田每亩施有机肥 3000～5000kg 或腐熟鸡粪 1000kg 左右。同时，还要大搞小麦、玉米秸秆直播还田。

合理施用氮、磷、钾和微肥。高产麦田每亩施纯氮 14～16kg，其中 1/3～1/2 结合耕地施入地下，1/2～2/3 在小麦拔节孕穗期追施。每亩施 P_2O_5 7～10kg，其中 70% 耕前撒于地表，随耕地翻入地下，30% 耕地后撒在犁垡上，耙地后混入表土，利于小麦苗期吸收。钾肥要测土后而定。土壤中有效钾在 100mg/kg 以下时，每亩施 K_2O 75kg，可撒于地表，耕地时翻入地下；超过 100mg/kg 时，可不再施钾。高产麦田要在测土后，根据土壤中微量元素的含量，缺什么补什么。主要微量元素的临界指标为：有效硫含量为 16mg/kg，锌为 0.6mg/kg，锰为 100mg/kg，硼为 0.5mg/kg，钼为 0.15～0.2mg/kg。如果达不到上述指标，每亩可施硫酸锌 1～2kg，硼砂 0.5～1kg，硫酸锰 1kg，钼酸铵 0.5kg 做基肥。缺锌土壤还可进行种子处理，即 1kg 种子用硫酸锌 4g，以少量水溶解后，喷在种子上拌匀，晾干后播种。缺硫土壤，氮可选用硫酸铵，磷肥选过磷酸钙，以补充硫元素。

五、控制浇水次数，浇好关键水，实行减次饱灌技术

为实现小麦生产低投入、高效益、高产出的目标，要大力推广"底足、前控、中促、后保"为核心的节水灌溉技术，减少小麦浇水次数，降低成本，提高产量和品质。

"底足"是指播种时，一定要足墒播种。"前控"是说控制前期浇水，不浇返青水、起身水，推迟到拔节或孕穗浇第一水，为减少浇水次数打下基础。"中促"指拔节孕穗期要浇水，以促进小麦穗分化发育良好，促穗粒数。"后保"指有条件时，在 5 月中旬浇第二水，保证小麦灌浆充分，以增加粒重。总之，要因地制宜地减少封冻水（冬灌），免去麦黄水，使冬小麦全生育期的浇水次数由过去的 4～5 水，减为 1～2 水（或 2～3）。为达到

少浇水，要尽量通过中耕等耕作管理，使麦田在浇第一水前保持活垄，以减少地表蒸发。因为浇水次数减少，在浇水量上要适当增加，达到饱灌水。

六、做好防治病虫和化学除草，确保增加粒重

病虫害的防治关键在于把握好各种病虫害的发生时期和最适宜的防治时间，同时还要选择好针对性强的药剂，才能取得最好的效果。特别是蚜虫、白粉病等病虫害一定要防治好。一般蚜虫可选用 25％扑虱蚜可湿性粉剂，或 10％吡虫啉可湿性粉剂 2500 倍液或 25％高渗吡虫啉可湿性粉剂 3000 倍液喷雾防治。白粉病可选用 20％三唑酮乳油 1000 倍液或 25％戊唑醇 3000 倍液喷雾防治。

麦田的化学除草要把握好最佳施药期，一般要在小麦拔节前对有杂草的麦田用 75％的 2,4-D 丁酯 30ml 加水 40kg，喷雾 1～2 次，彻底消灭杂草。

第四节 北方小麦几种专项栽培技术

一、冬小麦精播高产栽培技术

精播高产栽培技术（以下简称精播）是一套小麦产量高、经济效益高、生态效应好的高产、高效栽培技术。它的基本内容是在地力较高，土、肥、水条件较好的基础上，通过减少基本苗数，依靠分蘖成穗等一套综合技术，较好地处理群体与个体的矛盾，使麦田建立合理的群体动态结构，改善群体内的光照条件，促进个体生长健壮，根系发达，提高分蘖成穗率，单株成穗多，每一单茎的光合同化量高，穗部对养分要求能力强，从而保证穗大、粒多、粒饱。在每公顷产 5250kg 以上的地力条件下运用这一栽培技术，一般每公顷可产小麦 7500kg 及以上。适宜于黄淮冬麦区全部和北部冬麦区南部地区推广应用。

（一）精播的主要特点及理论基础

（1）群体小，群体动态结构比较合理，无效分蘖少，成穗率高。根据地力、肥水、栽培技术水平、播期、品种等条件，每公顷基本苗 45 万～180 万（生产中由于播种机具的限制以 120 万～180 万为宜），平均行距较大，为 23～33cm，种子分布均匀，个体营养面积大，单株分蘖较多，冬前每株分蘖可达 5～15 个，成穗率 60％～80％：冬前单位面积总蘖数为适宜穗数的 1.2～1.5 倍，春季最大总蘖数为适宜穗数的 1.5～2.0 倍。

（2）依靠分蘖成穗研究表明，在不同的生产条件下，在一定范围内，单株具有较多的穗数，麦穗较大。单株麦穗数与它们的平均穗粒数、千粒重有正相关显著关系。精播依靠分蘖成穗符合上述规律，精播小麦能较好的协调穗多与穗大、粒多与粒重的关系。

（3）根系发达，生活力和吸收能力强。据研究，单株成穗数与它的次生根条数、单株伤流量和有效单蘖伤流量均呈正相关关系。这是精播小麦个体发育较好的原因之一。在拔节至挑旗期，用 ^{32}P 进行根系饲喂的研究结果指出，精播小麦 ^{32}P 的吸收总量显著高于对照，而 ^{32}P 向穗中分配的比例明显提高，穗部营养条件的改善，对促进小花分化发育，利

于穗大、粒多起到良好的作用。

(4) 群体内光照条件好，光合产物制造和积累多，分配合理。由于精播小麦以较少的基本苗为起点，控制了无效分蘖和过多的有效分蘖，群体较小，群体动态结构比较合理，改善了群体内有效分蘖的光照条件，个体发育良好，提高了光合能力，增加了碳水化合物的制造与积累，有机营养好，向穗部分配的比例大，从而促进产品器官发达，显著提高了穗粒数和千粒重。

(5) 高效低耗、生态效应好。研究证明，同一品种，利用精播技术，每生产 100kg 小麦生物产量所吸收的氮平均为（1.15 ± 0.17）kg，所吸收的磷（P_2O_5）平均为（0.469 ± 0.043）kg，与其他传统高产栽培的无显著差异。但是，同一品种（山农辐 63），利用精播技术，每生产 100kg 子粒产量所吸收的氮平均为（2.39 ± 0.342）kg，磷（P_2O_5）为（0.98 ± 0.129）kg，显著低于传统高产栽培技术所吸收的氮（3.14 ± 0.550）kg 和磷（P_2O_5）（1.17 ± 0.231）kg。这主要是由于精播小麦的经济系数（平均为 0.448 ± 0030）显著高于传统栽培小麦的经济系数（0.388 ± 0.052）。由此可见，采取精播可以提高氮、磷肥的经济效益。

（二）精播高产栽培的技术要点

(1) 打好基础，实行精播，必须以较高的土壤肥力和良好的水、肥、土条件为基础。经验证明，每公顷产小麦 5250kg 以上的麦田适合于精播，能获得显著的增产效果。实践和土壤分析也证明，麦田 0～2cm 土层的土壤有机质含量在（1.22 ± 0.14)％，全氮（$0.084\pm0.0.085$)％，水解氮（47.5 ± 14.03）mg/kg，速效磷（29.8 ± 14.9）mg/kg，速效钾（91 ± 25.6）mg/kg，都可以通过精播获得每公顷产小麦 7500kg 以上。

(2) 合理利用良种，发挥良种的增产潜力。选用分蘖力较强，成穗率较高，单株生产力高，秸秆矮或中等高度，抗倒伏性能好，株型紧凑，叶片与茎秆角度较小，光合能力强，经济系数高，抗病、抗逆性强，落黄好的品种。在山东省，济南 17、济南 19、烟农 15、烟农 19，在河南省，豫麦 49 均可选用，并可获得每公顷产 7500kg 以上。

(3) 培育壮苗，建立合理的群体结构。在土壤肥力达到上述要求条件下，要求群体结构合理，个体发育健壮。一般中穗型品种，每公顷基本苗 120 万～180 万，冬前总茎数为 750 万～900 万，年后最高总茎数 900 万～1050 万，不超过 1200 万，成穗 600 万左右，不超过 675 万为适宜，尽量控制无效分蘖和过多有效分蘖。叶面积指数冬前 1 左右，起身期 2，拔节期 3～4，挑旗期 6～7，开花后至灌浆期 4～5。

培育壮苗、获得高产要采取下述一系列措施：

①施足底肥。以有机肥为主，化肥为辅，重视磷肥。一般肥地，每公顷施优质有机肥 45000kg，标准氮肥 375kg，标准磷肥 600～750kg 做底肥。在 0～20cm 土层速效磷含量达 5～30mg/kg 时，可减少磷肥用量。缺钾、锌的土壤，还应在底肥中适当施用钾肥和锌肥。

②适当深耕。要求破除犁底层，以加深耕作层，提高整地质量，足墒播种。

③精选饱满、发芽率高、发芽势大的种子做种。运用精播机或半精播机播种，力求播量准确、均匀、深浅一致，深度 3～5cm。

④适期播种。要求从播种到越冬开始,有0℃以上的积温600~700℃。

⑤疏苗、补苗及深耘。播种质量较差,麦苗分布不够均匀,应在分蘖期至越冬前疏密补稀,以达到增产效果。在冬前,群体每公顷已达到900万总茎数,可用耘锄(去掉左右二齿)隔行深耘深度10cm左右,耘后耧平、压实或浇水,有控上促下,先抑制后促进个体发育的作用。如果返青后群体过大,也可在起身前深耘。

⑥肥水运筹。一般不追冬肥及返青肥,返青期重视划锄。根据群体发展趋势,重视起身肥或拔节肥,追肥量为每公顷标准氮肥375kg。不浇返青水,于施起身肥或拔节肥后浇水,重视挑旗水,根据墒情浇好灌浆水。研究证明,从挑旗到扬花,1m深土层保持田间持水量的70%~75%,子粒形成期降低到60%~70%,灌浆期为50%~60%,成熟期降到40%~50%,是精播栽培拔节以后的高效、低耗水分管理指标。

(4)重视预防和消灭一切病虫和杂草等灾害。

二、冬小麦节水高产栽培技术

我国华北地区水资源紧缺,年降水量少,且主要集中在夏季。小麦生长季节多风少雨,耗水量大,高产麦田需水量的70%~80%依靠灌溉补充。小麦一生中通常要灌水4~5次,总灌水量3000m³/hm²左右。许多地区主要靠超采地下水来维持,这不仅加剧水资源紧张,而且在充分灌溉下麦收后腾出的土壤库容小,容纳不下夏季多余的降水,造成汛期水分径流和渗漏损失,也引起土壤养分的流失和地下水的污染。因此,小麦节水灌溉意义重大。近年来,中国农业大学等单位研究形成冬小麦节水高产栽培技术体系,并推广应用,节水效果显著。

(一)冬小麦节水高产栽培技术原理

冬小麦节水高产栽培技术是在非充分灌溉条件下实现高产与高水分利用效率相统一的一整套综合栽培技术体系。运用这套技术,在年降水量500~700mm的地区,在中、上等肥力的壤质土壤上,通过浇足底墒水和在小麦生育期间浇1~2水(750~1500m³/hm²),产量达到6000~7500kg/hm²,水分利用效率达到1.62~1.70kg/m³。这项技术的核心思想是改变高产依靠灌溉水的传统观念,建立以利用土壤水为主的新观念,将周年光热水资源—土壤—作物—措施统筹考虑,利用作物对水分亏缺的适应性补偿能力和综合技术措施的调节补偿效应,实现节水高产。主要技术原理如下。

(1)发挥2m土体的贮水功能,夏贮春用,减少雨水损失。小麦的根系向下可伸展到2m部位,2m土体是小麦的根系带。根据在河北吴桥的测试结果,轻壤土和中壤土2m土层能够蓄水650mm以上,除去萎蔫点以下土壤水分不能被作物吸收外,2m土层可贮存的有效水量达465mm,相当于一座地下水库。在小麦—玉米一年两熟种植制度下,一般在冬小麦收获后,土壤实际贮水下降到一年中的最小值。进入汛期之后,降水量大于当时作物的耗水量,土壤贮水得到回升,达到一年中的最大值。汛期过后,土壤贮水又逐渐下降,到小麦播种前,一般降水年,土壤贮水减少50~80mm。通过小麦播前灌底墒水,土壤贮水再次出现最大值。这是土壤水的周年变化规律。

麦田耗水来源包括土壤水、灌溉水和降水三部分。据测定，随着灌溉水增加，土壤水的消耗减少（表1-2）。春季浇三水处理，土壤水的消耗量只占总耗水量的30.1%，土壤有效水利用率只有30%左右，麦收后腾出的土壤库容小（144.2mm），汛期约有105mm以上水分被迫流失。采用节水栽培，春浇1水，土壤水的消耗量占总耗水的54.6%，土壤有效贮水利用率达50%，形成以消耗土壤水为主的耗水结构，麦收后腾出的土壤库容大，基本可容纳汛期多余的降水，做到"伏雨春用"。正常年份可挽回汛期水分损失约100mm。

表1-2 不同灌溉处理的耗水量与耗水组成

（中国农业大学，1991—1995年）

灌溉处理	总耗水量（mm）	总耗水量		降水		土壤水		产量（kg/hm²）	水分利用效率（kg/m³）
		（mm）	（%）	（mm）	（%）	（mm）	（%）		
不浇水	354.6	0	0	109.3	30.8	245.3	69.2	5400	1.52
浇1水	405.4	75	18.5	109.3	27.0	221.1	54.6	6435	1.59
浇2水	449.8	150	33.3	109.3	24.3	190.5	42.4	6915	1.54
浇3水	478.5	225	47.1	109.3	22.8	144.2	30.1	7005	1.46

注：对照和各处理均浇底墒水75mm，底墒水归入土壤水。浇1水处理包括起身水、拔节水、孕穗水三种方式；浇2水处理包括起身水+孕穗水、起身水和灌浆水和拔节水+开花水三种方式；浇3水处理包括起身水+孕穗水+灌浆水和拔节水+开花水+灌浆水两种方式。

（2）减少灌溉次数，提高土壤水利用率，降低总耗水量。灌溉水大部分保持在土壤上层0～60cm土体中，灌溉后表层湿润时间长，蒸发耗水多。研究表明，小麦的总耗水量与灌水量呈正相关。灌水次数越多，总灌水量越大，总耗水量也越大。小麦的总耗水量与土壤水的消耗量呈负相关。土壤水利用量越多，总耗水量越少。表1-2表明，浇1水与浇3水比较，总耗水量减少了73.1mm，水分利用效率也明显提高。通过减少灌溉次数，迫使小麦利用土壤水，并通过综合技术提高土壤水的利用率是节水高产栽培的重要内容。

（3）利用适度水分亏缺对作物的有益调控作用，建立高光效、低耗水的株群结构，并促进子粒灌浆在足墒播种基础上，拔节前控水，会造成上层土壤一定的水分亏缺环境，可迫使根系深扎，而且由于苗多蘖少，根群中初生根比例高，后期深层供水能力明显提高。拔节前适度水分亏缺，使单茎叶面积减小，上部叶片短而直立，形成小株型结构。群体容穗量大，透光好，叶片质量高，非叶光合器官面积增加，从而使群体光合/蒸腾比提高。前期适度水分亏缺，也使生育进程加快，抽穗期提早。后期适度水分胁迫促进茎叶贮藏物质运转，加快子粒灌浆。

（4）发挥综合技术措施的协同调控作用，补偿短期水分胁迫对产量形成的不利影响。通过适当增加播种量，以基本苗保穗，可补偿拔节前上层土壤水分不足对穗数的不利影响；通过集中施用磷肥，适当增加基肥中氮素比例，确保前期壮苗长势，结合拔节后的补充灌溉，可补偿前期水分胁迫对穗粒数的不利影响；通过推迟春季灌水时间，诱导根系下扎，控制上部叶面积，建成高喷量群体，可补偿后期供水不足对粒重的不利影响；通过选用熟期早、容穗量大、灌浆强度大、多花中粒型品种,可全面补偿前期和后期土壤水分亏缺对穗数、粒数、粒重的不利影响。

(二) 冬小麦节水高产栽培技术要点

(1) 底墒水调整土壤贮水。播种前浇足底墒水,将灌溉水转变为土壤水,并通过耕作措施,保持播种后表面松土层,减少蒸发耗水。底墒水的灌水量由 0~2m 土体水分亏额来决定,灌后使 2m 土体的贮水量达到田间持水量的 90%。一般年份需灌水 75mm。

(2) 选用容穗量大、早熟、耐旱、多花、中粒型品种实现 6000kg/hm² 产量目标,选择熟期早、耐旱性强、容穗量大、多花、中粒型品种最适宜,且可提高产量水平。叶片较大的大穗大粒型品种耐密性差和稳产性较差,不宜采用。

(3) 适当晚播越冬苗龄 3.0~6.0 叶均可实现高产目标,适当晚播可以减少冬前耗水,又为夏玉米充分成熟提供了时间,使玉米增产。一般以越冬苗龄 3.5~4.5 叶为宜。

(4) 集中施用磷肥,适当增加基肥氮量。全年两茬所需磷肥集中施给小麦,小麦显著增产,夏玉米利用小麦磷肥后并不减产。配合适当增加基肥中的氮素量,可促进前期长势,增加单位面积穗数。为节省肥料和简化操作,可采取全部肥料基施。在河北吴桥的试验表明,在中、上等地力基础上,每公顷基施优质有机肥 30m³、尿素 225kg、磷酸二铵 225kg、硫酸钾 150kg、硫酸锌 15kg,产量可达 6750~7500kg/hm²。

(5) 增加基本苗,确保播种质量。节水小麦依靠多穗增产,力争穗数达到 675 万/hm² 以上 (表 1-3)。由于晚播和前期控水,分蘖成穗少,穗数靠基本苗保证。一般在适宜播期 (10 月上旬至 10 月中旬末) 范围内,基本苗 350 万~750 万/hm²。由于苗多,苗间分布均匀程度非常重要,应缩小行距 (15cm 左右),严把播种质量关,做到落籽均匀、播深一致。

表 1-3 春季灌 1 水处理的产量和产量结构 (定位田)

(中国农业大学吴桥实验站)

年份	品种	播期 (月/日)	基本苗 (万/hm²)	穗数 (万/hm²)	穗粒数 (粒)	千粒重 (g)	理论产量 (kg/hm²)	实产 (kg/hm²)
1990—1991	冀麦 26	10/21	600	609	31.2	32	6077	6079
1991—1992	冀麦 26	10/13	636	489	29	40.3	5715	5979
1992—1993	冀麦 26	10/15	750	692	23.5	38.7	6263	6188
1993—1994	冀麦 26	10/15	750	663	28.0	33.5	6219	6150
1994—1995	冀麦 26	10/17	525	666	28.8	40.6	7788	7605
1995—1996	冀麦 26	10/15	758	786	26.4	36.4	7560	7196
1996—1997	冀麦 38	10/13	702	693	31.3	39.9	8655	7709
1997—1998	冀麦 38	10/16	663	660	26.9	39.0	6924	7262
1998—1999	4041	10/18	750	675	30.0	35.9	7271	7084
平均				679.5	28.9	36.8	7212	7047

(6) 播后暄土保墒。小麦播种到拔节长达 180 天,期间耗水以蒸发耗水为主 (占 80%),采取播后垄沟镇压,垄背暄土具有良好的保墒效果,有利于推迟春季灌水时间。

（7）春季补充灌水春浇 1 水，灌水时间为拔节至孕穗，非干热风年型拔节期灌水产量最高，干热风年型孕穗期灌水产量最高。春浇 2 水，最佳灌水期组合为拔节水+开花水。

（8）适宜的土壤类型。不同类型土壤贮水量差别很大。砂土贮水量少，春浇 1 水难以实现 $6000kg/hm^2$ 产量目标。黏土地蒸发耗水多，根系发展阻力大，深层水利用率低，实现高产应增加灌水量。春季浇 1 水实现 $6000kg/hm^2$ 以上产量目标，适宜的土壤类型是沙壤、轻壤和中壤土。

三、冬小麦旱作高产栽培技术

冬小麦旱作高产栽培技术，是指在无灌溉条件下，依靠自然降水满足其生理生态需水、完成生产过程的栽培技术。我国北方旱地小麦包括淮河以北的广大北方旱地小麦种植区，从自然降水的满足供应程度来看，主要指年降水在 $400\sim600mm$ 范围内的山西、河北、山东、河南、陕西、甘肃等广大秋播冬小麦的非灌溉区，面积近 667 万 hm^2，占北方六省（直辖市）小麦总面积的 33%左右，其中旱地绝对面积最大的有陕西、山东、河南、山西等省，而相对面积最大的为陕西省与山西省，均占本省小麦总面积的 2/3 左右。北方旱地小麦的降水及其利用主要有两个类型区，即降水量在 600mm 以上的半湿润地区及降水量 $400\sim500mm$ 的半干旱地区。由于降水量的不同，利用水分的种植制度也不同，前者降水较多，小麦收获后还可复播一茬作物，形成小麦—玉米—小麦，小麦—大豆—小麦，小麦—谷子—小麦的一年两作种植制度，如山东、河南、河北、晋东南多雨区。

年降水量在 $400\sim500mm$ 的半干旱地区，降水仅能满足一季小麦生长需水，因而形成一年一作夏季休闲的种植制度。北方旱地小麦产区除山东及河南部分干旱地区外，多数黄土高原丘陵旱地都属于这种类型。旱地小麦受自然气候影响较大，并约束着耕作制度、栽培措施以及品种选用等调控技术的选择与发挥。这些自然因素主要包括自然降水、土层厚度、土壤结构、地下水源深浅等。由于其面积大，分布广，跨越的自然气候类型复杂，生产条件差，栽培水平低，导致产量低而不稳，成为影响北方小麦生产丰歉的重要因素。

（一）旱地小麦生产条件特点

北方大陆性不稳定的气候特点集中表现在降水量少，年际变幅大，年内分配不均，冬春少雨干旱，夏秋降水集中，地面蒸发量大。北方旱作麦田多分布在丘陵山区，土壤瘠薄，有机质普遍低于 0.8%、全氮低于 0.07%、速效磷多在 $3\sim5mg/kg$ 以下，麦田多为一年一作耕作制，土壤裸露时间长、风蚀水蚀造成水土流失严重。但北方广大黄土高原区土层深厚，且土壤蓄水性强，3m 土层最大贮水量达 1324mm，其中有效水 800mm。夏休闲期间可通过深耕改土、覆盖保墒，增加土壤贮水，供旱季小麦生长利用。可通过休闲轮作养地恢复地力，精细整地，适时播种，利于培养冬前壮苗。

（二）旱地小麦栽培技术

北方旱地小麦高产栽培的核心技术包括三大环节：①以培肥地力为基础的种植结构、轮作倒茬与施肥技术；②以蓄水保墒为目的的耕作覆盖技术；③以培育冬前壮苗为目标的良种良法配套种植技术。这三个技术环节相辅相成，达到以土蓄墒、土肥保墒、水肥促

苗、苗壮根深、以根调水、以苗用水，最大限度地开发利用土壤深层水，提高自然降水的
利用效率，实现旱地小麦高产稳产。

1. 因地制宜采用耕作覆盖蓄水保墒技术

北方地区自然降水大约 60％集中分布在 7 月、8 月、9 月的小麦休闲期，旱地小麦需
水量的 50％左右是靠土壤贮水满足中后期小麦的需求，即所谓"伏雨春用"。因此，最大
限度地蓄保小麦休闲期的自然降水，就成为旱地小麦高产的潜力所在。我国北方地区在长
期的生产实践中，积累了丰富的耕作保墒经验，形成了多种耕作保墒技术体系。如一年一
作地区"四早三多"蓄水保墒技术，就是麦收后早浅耕灭茬，伏前抢时早深耕、多浅犁，
伏雨后早细犁、多细犁，立秋早耙地、多耙地，有利于蓄水保墒、滴雨归田。小麦收后播
种玉米、大豆的一年两作地区，对玉米、大豆行间采用深锄、深刨，有利于伏雨下渗，为
小麦积蓄水分，也可在复作中采取秸秆覆盖保墒，效果更好。深松旋耕细耙保墒技术，即
采用深松机伏天深松（30～35cm）不翻土，可打破犁底层，利于积蓄深层水，深松加残
茬覆盖效果更好；立秋前进行旋耕松表土，耕后耙糖。隔年深耕、深浅结合保墒技术，即
在瘠薄山旱坡地区，连年深耕会带来严重的水土流失，可采取深浅结合隔年深耕的办法，
有较好蓄水保墒效果。

秸秆覆盖保水栽培技术是在太阳辐射与土壤之间形成一个覆盖隔离层，将传统耕作保
墒技术的开放式变为封闭、半封闭式，既可降低地表温度，又能减少土壤水分的蒸发，连
续残茬覆盖还可增加土壤有机质，改善土壤孔隙度，有更明显的保水增产效果。常用的休
闲期麦草或豆科牧草覆盖，不仅可增加土壤蓄水当年增产，而且具有明显的肥力后效，增
产作用可延续 4 年以上。可用联合收割机留高茬收获，再用行走式秸秆粉碎机切碎麦草进
行覆盖，这样既可简化耕作程序，又有良好的保水效果。

2. 合理轮作，培肥地力，扩大麦田物质循环

培肥地力，第一，要做到合理轮作，用养结合，通过与养分归还率较高的作物轮作，
提高土壤的基础肥力。对旱地小麦有利的轮作作物有以下类型：松土作物，即生育期短、
不影响小麦休闲期蓄水和正常播种，同时还有松土作用的作物，如马铃薯、甘薯、花生
等；养地作物，如豌豆、油菜等，其豆科根瘤固氮或根叶残留物多，利于增加土壤有机养
分；饲料牧草作物，如苜蓿等，不仅根茬残留物多，而且能促进农牧结合，增加有机肥
源，通过过腹还田提高土壤肥力。第二，增施有机肥也是提高土壤肥力的重要手段。第三
是增施磷肥，氮、磷配合，大面积旱地小麦生产水平下，氮、磷配比以 1∶1（N∶P_2O_5）
较好，随着产量水平的提高可加大氮肥用量。山东省的研究表明，水资源有每公顷
4500kg 产量潜力的旱地麦田，适宜施氮量为每公顷 120kg。

3. 培育冬前壮苗，实现稳产高产

北方旱地小麦高产要着眼于旱、着手于肥，在搞好蓄水保墒、培肥土壤的基础上，通
过良种良法配套的种植技术，培育冬前壮苗，实现最大限度利用土壤肥水资源。

（1）选用品种。旱地小麦品种选用要注意丰产性与稳产、抗逆性的统一，品种特性与
气候生态条件、生产条件和土壤肥力相适应。一般选用抗寒性好，根系发达，分蘖多，成

穗率高，苗期生长稳健，中、后期能积累较高生物产量，光合产物向子粒运转快，抗干热风，熟相好，粒重较高的品种。

（2）整地施肥。播前整地要保证质量，结合整地一次深施肥料，注意缓释肥的搭配，既要保证冬前壮苗的养分供应，又要防止后期脱肥早衰。

（3）播种量与群体结构。创造合理群体，实现计划穗数，常年旱地丰产田的穗数为375万～525万/hm²，丰雨年高产田可达525万～675万/hm²，而目前大面积旱地小麦穗数多在450万/hm²以下。旱地小麦播量除根据穗数和品种成穗率确定外，还应根据降水量多少、越冬光热资源、土壤肥力、品种特性及生产水平进行调整。一般降水量相对多的暖冬区，播量可适当降低，以争取适当分蘖成穗，并有利于穗粒重的提高；反之播量可适当增加。在同一个自然生态区内，旱薄低产田，对单位面积穗数的承受力低，播种量不宜过高，中肥田的播种量可适当增加，而高肥田单株成穗率高，基本苗数又要适当降低。适期播种条件下，半湿润旱地麦区一般每公顷180万～240万苗，半干旱旱地麦区270万～375万苗。

（4）播种期。适期播种是旱地小麦充分利用秋冬水热光资源实现冬前壮苗的基本手段。一般适期播种要求冬前积温550～700℃，冬前主茎叶数6～7片为宜，但也要根据土壤墒情灵活掌握，做到"有墒不等时，时到不等墒"，立足干旱抢墒播种。

（5）沟播与镇压。北方旱作麦区素有小麦播后只压不耙，田间留播种沟的习惯，有防寒增温、促进麦苗苗期生长的作用。近年来研制的沟播机，可以深开沟浅覆土，使种子播在湿土层，并加大垄沟，沟内双行播种。其好处是施肥集中、沟深保温、集中雨雪，并且土壤水分、养分和温度比较协调，为小麦冬前生长与安全过冬创造良好的生态小环境，特别是在冬麦区、高寒区，效果更为明显。针对旱地麦田土壤孔隙度大，尤其是在整地不良抢墒播种的情况下，更易造成耕层土壤悬虚，不仅失墒严重，小麦扎根不稳，影响发苗生长，而且冬季易遭寒风伤根、伤蘖造成死苗等问题。采用播后镇压的措施，并掌握地干重压，地湿轻压，随播随压，播种时墒大可散墒再压，可使土壤与种子密接，踏实虚土层，起到保温、提墒、防寒、抗冻的多重作用，特别是遇到冷冻年效果更为明显。

4. 旱地小麦覆膜栽培

旱地小麦地膜覆盖栽培是从20世纪90年代中期大面积应用的，其特点是保墒减少土壤水分蒸发，提高降水利用率；增温增光提高光合效率；水肥气热协调，改善土壤结构，促进养分转化；增产30%左右。目前有两种覆膜栽培技术：一种是山西模式，即地膜垄盖沟播膜际栽培技术；另一种是甘肃模式，即地膜全覆盖穴播栽培技术。

（1）地膜垄盖沟播膜际栽培技术要点。地膜覆盖田依靠分蘖成穗夺高产，要选择肥力中、上等，地势较平、地块较大的地片，按旱地小麦的耕作技术整地。由于地膜小麦水分条件好，产量高，因此肥料投入要比一般旱地栽培提高10%～20%，注意氮、磷配合。起垄盖膜可在播前半个月左右、垄距一般为50～60cm一带，垄底宽25～30cm，垄高10cm，垄顶是弧型，垄上盖膜，两垄之间种植沟内播种小麦，行距20cm，地膜可用40cm宽、厚度0.007mm的聚乙烯微膜，每公顷用膜37.5～52.5kg。要求条带宽度一致。微膜两侧压紧压实不留口，并在垄膜上隔 3～4m 打一土腰带，以防大风揭膜，盖膜后播种遇雨要及时锄地破除板结。根据当地越冬气候条件，选用冬性或半冬性品种，要求分蘖力强，成穗率高，丰产性好、抗倒伏的旱肥地品种。地膜小麦的播种期要比当地露地栽培适当推迟 5～7 天，播量应比一般旱地小麦适当降低，南部地区每公顷 120 万～180 万基本苗，北部地区 210 万～270 万基本苗。播后要加强越冬期间的地膜保护，做好防病虫工作，地膜小麦中后期发育较快易早衰，后期应适当揭膜降低地温，目前，已针对该项技术研制出机引和畜力两种起垄、铺膜、播种一次作业机械。

（2）地膜全覆盖穴播栽培技术要点。该技术的整地施肥、品种选用、播期、播量与垄盖膜际栽培技术相同。不同的是不起垄，平铺地膜，采用打孔穴播，每公顷 45 万～60 万穴，每穴 4～6 粒。目前生产上选用的穴播机可覆膜、打孔、播种一次完成。地膜用幅宽 140cm，厚度 0.007mm 的聚乙烯微膜，每公顷用 75～84kg，每幅播 7 行小麦，行距 20cm，穴距 10cm，幅间宽 20～30cm，播种深度 3～5cm。播后每隔 2～3m 要用土打一腰带，随播随打。播后要及时查苗补种，幼苗期生长遇到穴孔错位时要及时掏苗，掏苗后孔旁压土保持苗位。

地膜覆盖栽培技术应进一步解决的问题是小麦收获后的残膜回收和研制可降解的地膜，防止地膜污染环境。

第二章 玉 米

玉米是河北省第二大粮食作物，仅次于小麦，种植面积约 220 万 hm²，占全国种植面积的 1/10。

玉米含有丰富的营养物质，素有"饲料之王"之称，在饲料中的主导地位也日益确立。目前玉米有 70% 作饲料。

随着玉米深加工工业的发展，玉米生产备受重视。目前，以玉米作原料可以直接或间接制成的工业产品达 500 种以上。其中玉米淀粉、玉米糖、玉米油等产品用途广泛。玉米淀粉是医药、化工、纺织工业的重要原料；玉米高果糖浆甜度高，风味好，品质上乘，有良好的防腐性和渗透性，常食有助于预防糖尿病、心血管疾病；玉米油色泽淡黄透明，气味芳香，亚油酸含量在 60% 以上；通过膨化技术在玉米粉中加入赖氨酸、维生素等，制成形、色、香、味俱佳的各类玉米食品，提高了玉米品质和适口性。另外，诸如糯玉米、色素玉米、高油玉米、笋玉米等专用玉米的发展十分迅速，效益显著，市场潜力巨大，将成为玉米生产的一个发展方向。

河北省种植玉米较为普遍，北至张家口坝下，南至邯郸磁县均有种植。由于河北省地域跨度大，生态气候差异明显，玉米种植类型又分为 3 个种植区：春玉米种植区，北部包括张家口地区坝下，承德丘陵区，唐山、秦皇岛和廊坊市的北部以及太行山西部山区；夏玉米种植区，包括石德、石太线以南各地；春夏玉米区，包括石德、石太线以北，衡水、石家庄两市的北部和沧州、保定市的全部，以及唐山市西部部分县和廊坊市的南部各县。但随着生产和机械化水平的提高，气候转暖和耕地减少，春玉米种植面积日趋减少。

第一节 玉米的生长发育

一、生育期和生育时期

（一）生育期

根据生育期的长短可把玉米品种分为极早熟、早熟、中熟、晚熟和极晚熟五大类型。其中生产上常用的是早熟、中熟、晚熟玉米类型。

1. 早熟类型

春播 70～100 天，夏播 70～85 天。植株较矮，叶片数较少，一般 14～18 片。果穗多为短锥形，穗短轴粗，子粒较少，千粒重 150～250g。由于生育期短，干物质积累少，增产潜力小。适于生产季节短、热量比较少的地区或麦茬复种。

2. 中熟类型

春播 100~120 天，夏播 85~95 天，叶片数 18~20，千粒重 200~300g，增产潜力中等。适应性较广，不但可以在无霜期较短的北部和西部山区春播，也可以用于中南部麦茬套种和复种。

3. 晚熟类型

春播 120~150 天，夏播 90 天以上。植株高大，茎秆粗壮，叶片数 21~25，果穗粗长，千粒重 300~400g，增产潜力大。但因生育期长，需求热量多，一般适于春播。

（二）生育时期

（1）播种期：即播种日期。

（2）出苗期：幼苗的第一片真叶露出地面 2~3cm，称为出苗。全田有 50％以上植株达到此标准的日期为出苗期。

（3）拔节期：全田有 50％的植株基部节间增长达 2cm 的日期。

（4）大喇叭口期：棒三叶（即果穗叶及其上下两片叶）大部分伸出，但未全部展开，心叶抽出，上平中空，状如喇叭。全田 50％以上植株达到此标准的日期为大喇叭期。

（5）抽穗期：全田有 50％植株雄穗尖端露出顶叶的日期。

（6）散粉期：全田有 50％植株抽穗后雄穗开始开花散粉的日期。

（7）吐丝期：全田有 50％植株雌穗抽出花丝的日期。

（8）成熟期：全田有 90％植株的果穗子粒变硬，中部子粒尖冠出现"黑层"的日期或乳线消失的日期。

二、器官发育

（一）种子的构造及萌发

玉米种子由皮层、胚乳和胚组成（图 2-1）。

（1）皮层：由果皮和种皮组成，占种子重量的 6％~8％。

（2）胚乳：位于种皮之内，占种子重量的 80％~85％。其最外层为单层细胞组成的糊粉层，细胞内含多量蛋白质的糊粉粒。糊粉层以内为胚乳，有角质胚乳和粉质胚乳之分。角质胚乳淀粉间充满蛋白质和胶体状态的碳水化合物，结构紧密，质地坚硬，呈半透明状；粉质胚乳含较多淀粉而蛋白质含量少，结构疏松，质地较软，不透明，为白色粉状。

（3）胚：位于种子的一侧基部，

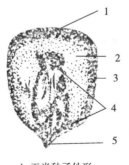

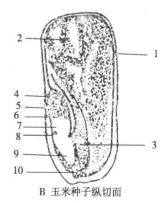

A 玉米种子外形　　　　　B 玉米种子纵切面

图 2-1　玉米种子的形态结构

A：1. 花柱遗迹　2. 胚乳　3. 种皮　4. 胚　5. 尖冠

B：1. 种皮　2. 胚乳　3. 盾片　4. 胚芽鞘　5. 叶片

6. 生长点　7. 中胚轴　8. 根原基（次生胚根）

9. 胚根　10. 胚根鞘

占种子重量的 10％～15％，是玉米植株的雏形。由胚芽、胚轴、胚根和盾片组成。

子粒大小因品种和栽培条件而异，小粒种的千粒重为 50～150g，大粒种为 300～600g；生产上推广的品种千粒重为 200～350g；马齿型子粒千粒重高于硬粒型。

子粒出产率（即每个果穗的种子干重占果穗干重的百分比）一般为 75～85％。

（4）种子的发芽出苗：正常的玉米种子在适宜的温度和水分条件下，经吸胀、萌动之后达到发芽（胚根与种子等长，胚芽为种子长度的一半时），进而幼苗出土达到出苗。

（二）根的生长与功能

1. 根的种类及其发生

玉米的根属须根系，由初生根、次生根和支持根三部分组成（图 2-2）。

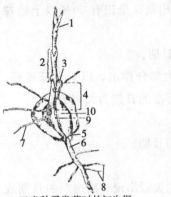
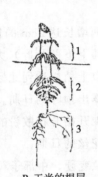

A 玉米种子发芽时的初生根　　B 玉米的根层

图 2-2　玉米根的种类

A：1. 第一片叶　2. 胚芽鞘　3. 节根　4. 中胚轴　5. 胚根鞘
6. 胚根　7. 次生胚根　8. 侧根　9. 下胚轴　10 盾片（内子叶）
B：1. 地上节根（气生根）　2. 地下节根（次生根）　3. 初生根

（1）初生根。又称种子根。包括初生胚根（即玉米种子萌发后，首先突破种子长出的根）和次生胚根（即在胚根伸出 1～3 天后，于下胚轴长出的 3～7 条根）。此根是玉米苗期的主要根系，对保证幼苗健壮有重要意义。

（2）次生根。又称永久根、节根。构成玉米根系的主体。当幼苗长出 2～3 片真叶时，在胚芽鞘节上（实际是第一节间的基部）长出第一层次生根（又称胚芽鞘根），以后每出 2 片可见叶长一层次生根，共有 4～7 层，每层根 4～8 条，到大喇叭口期全部形成。玉米吸收养分和水分，主要靠这部分根。

（3）支持根。又称气生根。是生长于地上茎节的不定根，发生在大喇叭口至抽雄阶段。通常有 2～3 层，每层 10 条左右。支持根吸收能力强，对提高玉米的抗倒性、促进中后期植株水分、养分的吸收起重要作用。

2. 根的分布

90％以上的根系集中分布在距植株 0～20cm 的范围内，这些根系吸收养分最活跃。故追肥应以距植株 10cm 以上为宜。

根系的下扎深度，苗期约为 70cm，拔节至孕穗期为 80～120cm，抽雄开花期到 130～150cm，成熟时达 180cm。土层 0～40cm 内的根系占总根量的 98％。大喇叭口期植株对土深 20～40cm 养分吸收最活跃。所以，追肥深度要在 10cm 以上，底肥、基肥要深施 20cm 以上。

（三）茎

1. 茎的形态

玉米的茎由节和节间组成，各节均着生 1 个叶片，故节数和叶数相等。不同品种节数不同，一般早熟品种 14～16 节，其中 4～5 节密集于地下；中熟品种 19～21 节，5～6 节密集于地下。茎的高度因品种、土壤、气候以及栽培条件不同而异。株高可分为三种类型：株高在 2m 以下的为矮秆型，2～2.7m 的为中秆型，2.7m 以上的为高秆型。矮秆型玉米生育期短，单株产量低，高秆型的生育期长，单株产量高。

2. 节间长度

玉米各节间的长度自基部第一节开始向上逐渐加长，以果穗下 2～3 个节间最长，往上节间又逐渐变短，到雄穗穗节又加长。

3. 分蘖

由主茎基部节或地下节上的腋芽形成，不能结果穗，对产量毫无意义，而且消耗主茎的养分，通常均应摘除。甜玉米的分蘖可以成穗结实，应予保留。作青贮、青饲栽培时，保留分蘖可以增加茎叶产量。

(四) 叶

1. 叶的组成

玉米叶片互生排列，由叶鞘、叶片和叶舌组成。叶鞘可增强茎的抗倒力和抗折力；叶舌位于叶片与叶鞘交界处正面，无色薄膜状，紧贴茎秆，长 0.8～1.0cm，可防止雨水、病菌、害虫进入叶鞘。玉米多数叶片正面有绒毛，只基部几片叶光滑无毛，光滑叶数量早熟品种约 5 片、中晚熟品种 6～7 片。光叶可作为判断玉米叶位的参照物之一。

2. 叶片数目

在同一地区，同一品种叶片数目是相对稳定的，品种之间差异较为明显。一般早熟品种 14～16 片，中早熟种 17～18 片，中熟种 19～21 片，晚熟种 22～23 片。同一品种春播比夏播多 1～2 片叶。

3. 叶片长度与宽度

叶片的长度因着生部位不同而异。各品种均自第一叶开始，向上各位叶逐渐加长，至穗位叶达最长，以后又逐渐变短，顶叶最短；叶片宽度的变化与叶片相似，但最宽叶有的与最长叶同位，有的偏上 1～2 片叶。

(五) 雌雄穗的发育

玉米是雌雄同株异花作物，通常雄花开放早于雌花，依靠风力传播花粉，天然杂交率一般在 95% 左右，是典型的异花授粉作物。

1. 雄穗的构造及分化

(1) 雄穗的构造。玉米的雄花序为圆锥花序，着生于茎的顶端，俗称天穗。由主轴、侧枝、小穗和小花组成 (图 2-3)。其主轴较粗大，着生 15～25 个侧枝。主轴和侧枝上着生小穗，主轴上着生 4～11 行，侧枝上有 2 行。小穗成对排列，其中上部的为有柄小穗，下部为无柄小穗。每个小穗由 2 片护颖包被着两朵小花。每朵小花有 1 个外稃、1 个内稃、3 个雄蕊、2 个浆片和 1 个退化的雌蕊。雄蕊由花丝及花药组成，成熟时的花药呈黄色或紫红色。每个花药有 2 个药室，可产生 2000～2500 粒花粉。

（2）雌穗的构造。玉米雌穗为肉穗花序，称果穗。着生于茎秆中部的叶腋。由雌穗柄、苞叶和雌穗组成（图2-4）。雌穗柄具有较密的节，各节上着生一片苞叶。苞叶为变态叶，叶片退化，仅留叶鞘包被于雌穗外面，具有保护作用。有些品种苞叶上还长出小叶片，称为剑叶，其对授粉不利，苞叶的数目一般接近于主茎叶片数。雌穗着生于穗柄上，由穗轴和小穗组成。穗轴节较密，每节上成对着生两个无柄小穗，故果穗上子粒行数为偶数，一般有12～18行。每一小穗有2片护颖，内有2朵小花，上位花结实，下位花退化。结实小花有内外颖各1片，内包雌蕊。雌蕊由子房、花柱和柱头组成。子房为短圆形，受精后发育成子粒；花柱呈丝状，又称花丝，长20～30cm，先端为柱头，可分泌黏液，以粘着散落的花粉。

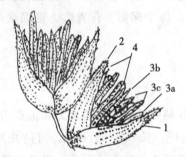

图 2-3 玉米雄小穗花

1. 第一护颖 2. 第二护颖 3a. 第一朵小花外稃
3b. 第一朵小花内稃 3c. 第一朵小花雄蕊
4. 第二朵小花

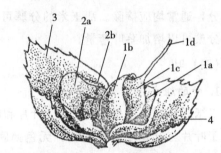

图 2-4 玉米雌小穗花

1a. 结实花外稃 1b. 结实花内稃 1c. 子房 1d. 花柱
2a. 退化花外稃 2b. 退化花内稃
3. 第一护颖 4. 第二护颖

2. 雄穗分化过程

（1）生长锥未伸长期。生长锥表面光滑，长略小于宽，呈半球形。此时尚未开始拔节。

（2）生长锥伸长期。生长锥开始伸长，长大于宽，其基部形成叶突起，在叶腋处发生分枝原基；生长锥中部开始分节，以后形成穗轴节片，节上着生小穗原基。此时，植株开始拔节。

（3）小穗分化期。生长锥继续伸长，基部出现分枝突起，中部出现小穗原基；每个小穗原基分为2个成对的小穗突起，之后分化出护颖。成对小穗中，大的在上，形成有柄小穗；小的在下，变成无柄小穗。

（4）小花分化期。每个小穗突起分化出大小不等的小花突起。在基部出现3个雄蕊原基，中央1个雌蕊原基。以后，雄蕊生长产生药隔，雌蕊原基退化。每朵花具有内、外稃和2个浆片。

（5）性器官发育形成期。雄蕊迅速生长，花粉囊中的花粉母细胞形成四分体。随后进入花粉粒形成及内容物充实期，穗轴节片迅速伸长，护颖、内外稃迅速生长，整个雄花序迅速长大，不久将孕穗和抽雄。

3. 雌穗分化过程

主茎最上位腋芽生长锥的发育过程也分5个时期（图2-5）。

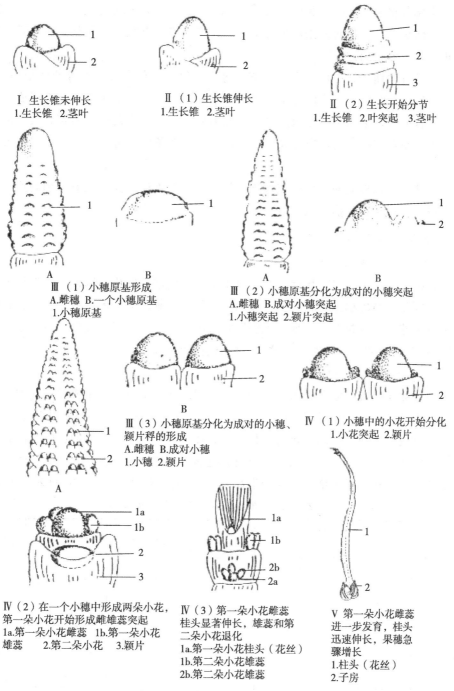

Ⅰ 生长锥未伸长
1.生长锥　2.茎叶

Ⅱ（1）生长锥伸长
1.生长锥　2.茎叶

Ⅱ（2）生长开始分节
1.生长锥　2.叶突起　3.茎叶

Ⅲ（1）小穗原基形成
A.雌穗 B.一个小穗原基
1.小穗原基

Ⅲ（2）小穗原基分化为成对的小穗突起
A.雌穗 B.成对小穗突起
1.小穗突起　2.颖片突起

Ⅲ（3）小穗原基分化为成对的小穗、颖片秤的形成
A.雌穗 B.成对小穗
1.小穗　2.颖片

Ⅳ（1）小穗中的小花开始分化
1.小花突起　2.颖片

Ⅳ（2）在一个小穗中形成两朵小花，第一朵小花开始形成雌雄蕊突起
1a.第一朵小花雌蕊 1b.第一朵小花雄蕊　2.第二朵小花　3.颖片

Ⅳ（3）第一朵小花雌蕊桂头显著伸长，雄蕊和第二朵小花退化
1a.第一朵小花柱头（花丝）
1b.第二朵小花雄蕊
2b.第二朵小花雄蕊

Ⅴ 第一朵小花雌蕊进一步发育，桂头迅速伸长，果穗急骤增长
1.柱头（花丝）
2.子房

图 2-5　玉米雌穗分化的主要时期

（1）生长锥未伸长期。生长锥尚未伸长，宽度大于长度。在生长锥下面已分化出节、苞叶原基、缩短的节间。

（2）生长锥伸长期。生长锥显著伸长，长大于宽，后在生长锥基部分节并出现叶突起。

（3）小穗分化期。在叶突起腋间形成小穗原基。每个小穗原基分化为 2 个小穗突起，形成两个并列小穗，并在它的基部出现褶状的颖片突起。小穗原基分化是向顶式，顶端与基部可相差几个分化期。

（4）小花分化期。随小穗的生长发育，每个小穗又分化为大小不等的两个小花原基，大的在上，发育成结实花，小的在下，成为不孕花。接着，在小花原基基部形成三角状排列的 3 个雄蕊原基，中间 1 个雌蕊原基，雄蕊最后消失，而雌蕊原基不断长大。因此，成对并列小穗每小穗结一个粒，所以粒行都是偶数。此期条件优劣，与玉米秃尖及大小关系极大。

（5）性器官发育形成期。雌蕊花丝逐渐伸长、子房体积增大，胚囊性细胞形成，整个果穗急剧增大，不久花丝抽出苞叶。

（六）器官之间的相互关系

1. 雌雄穗分化的对应关系

玉米雄穗分化的时间先于雌穗分化。由于雌穗分化进程较快，因此，雄穗抽雄与雌穗吐丝基本上同步。当雄穗进入花粉粒形成期，雌穗处于雌蕊突起形成或雌蕊生长雄蕊退化期；雄穗进入花粉粒成熟期，雌穗进入性器官形成初期；雄穗开花散粉，雌穗处于减数分裂期，"花丝"强烈伸长；雄穗开花散粉，雌穗也开始吐丝。

2. 穗分化进程与叶片的关系

玉米穗分化与叶龄指数有较为稳定的关系。利用叶龄指数可以推断穗分化时期。叶龄指数达到 20％左右时，雄穗进入伸长期，雌穗尚未分化，正值拔节期；叶龄指数为 50％左右时，雄穗处于小花分化期，雌穗生长锥开始伸长，处于小喇叭口期；叶龄指数为 60％左右时，雄穗进入四分体期，雌穗处于小花分化期，正值大喇叭口期；叶龄指数为 88％左右时，雄穗抽雄，雌穗果穗增长；叶龄指数为 100％时，雄穗开花，雌穗吐丝（表 2-1）。

表 2-1　玉米穗分化时期与叶片同伸关系

生育时期	穗分化时期		品种类型	可见叶数	展开叶数	叶龄指数❶
	雄穗	雌穗				
伸长	伸长		晚	8～9	6.5～6.8	30±
			中	7	5.5	
			早	5～6	4.0	
拔节	小穗原基		晚	10～11	7.5～7.8	37±
			中	8～9	6.5～6.8	
			早	8	5.6～5.7	
	小穗		晚	12	8.8～8.9	42±
			中	10～11	7.5～7.9	
			早	8～9	6.0	

❶ $叶龄指数（\%）=\dfrac{主茎叶龄（展开叶）数}{主茎总叶片数}×100\%$

生育时期	穗分化时期		品种类型	可见叶数	展开叶数	叶龄指数
	雄穗	雌穗				
小喇叭口	小花	伸长	晚	13	9.8～9.9	46±
			中	12	8.8	
			早	9	6.7～6.8	
	雄长雌退	小穗	晚	15～16	11.6～11.9	53±
			中	13～14	9.9	
			早	10～11	7.8～7.9	
大喇叭口	四分体	小花	晚	16～18	12.7～12.9	60±
			中	14～15	10.9	
			早	12～13	8.8～8.9	
孕穗	花粉充实	花丝始伸	晚	19～20	15.9～16.9	77±
			中	17～18	13.8～14.9	
			早	14～15	11.9	
抽雄	抽雄	果穗增长	晚	20～21	19.9～21.0	88±
			中	18	15.9～17.0	
			早	14	13.9～14.0	
开花	开花	抽丝	晚	20～21	20～21	100±
			中	18	18	
			早	14	14	

（七）开花与授精

1. 开花

雄穗一般在抽出顶叶2～5天开始开花散粉。顺序是先主轴后分枝，先中上部小穗花，然后向上向下同时进行。雄穗散粉时间可维持7～9天。在大田条件下（温度为28～30℃，相对湿度为65%～81%），花粉生活力在5～6h内较强，8h后显著下降，24h后生活力完全丧失。因此，散粉后授粉越早结实率越高，如遇较长时间的高温干旱，花粉粒因迅速失水而丧失生活力，导致授粉不完全，将产生秃尖、缺粒现象。花粉粒如受雨淋，会吸水膨胀而失去生活力。雌穗"花丝"伸出苞叶即为吐丝，开始吐丝时间比雄穗开花时间晚2～5天。雌穗上的花丝伸出苞叶的时间也不同，一般基部1/3处的花丝最先伸出，然后其下部和上部花丝陆续伸出，顶部花丝抽出最晚。一穗的花丝全部抽出需要5～7天。

2. 授粉与受精

花粉传到花丝上叫授粉。在适宜条件下，授粉后10min左右，花粉粒即可萌发出花粉管，花粉管伸长进入子房到胚囊，在极核附近停止生长，随后释放出2个精核。其中1个与卵核融合形成合子，将来发育成胚；另1个与2个极核融合，形成初生胚乳，将来发育成胚乳，完成受精过程。

(八) 玉米子粒建成

1. 子粒形成期

从授粉至授粉后 15 天左右是子粒形成的重要时期。在此期内，胚分化基本结束，已具发芽能力，胚乳细胞已形成。子粒体积迅速增大，接近成熟的 50%。子粒含水量较多，含水率在 80%～90%。外部形态呈乳白色的球状体。胚乳呈清水状，干物质积累很多，为最大值的 5%～10%。此期是决定粒数的关键时期，也是决定粒重的重要时期。此期遇干旱缺水，叶黄脱肥，极易造成秕粒和秃尖。

2. 乳熟期

从授粉后 15 天至授粉后 35～37 天，持续 20 天左右。此期是粒重迅速增加期，干物累积量占最大粒重的 80% 左右，子粒体积达最大值。胚乳变为乳状，最后成为浆糊状，子粒基本上呈现本品种的形态特征。子粒绝对含水量处于高而平稳的阶段，而含水量迅速下降至 45% 左右，发芽率达 90% 左右，此期是决定粒重和败育粒多少的关键期。

3. 蜡熟期

从授粉后 35～37 天至 49 天左右，为期 10～15 天。胚乳中浆液消失，由糊状变为蜡状，干物重仍在增加，但比较缓慢。子粒呈现出品种固有颜色和形状。含水量下降至 30%～40%，子粒体积由于缩水而略有缩小。

4. 完熟期

从蜡熟末期到完全成熟，灌浆基本停止，主要为脱水过程。当含水量在 20% 以下时，粒色具有光泽，指甲不易掐破，粒重达最大值，子粒基部出现黑层，乳线消失，进入完熟期。

 复习题

1. 河北省玉米种植划分为几个区？
2. 依生育期将玉米品种分为几种类型？玉米一生有几个生育时期？
3. 试述玉米根系种类和分布。
4. 玉米一生有多少叶片？如何分组？
5. 玉米果穗子粒为什么都是偶数行？
6. 试述玉米穗分化与叶片的关系。
7. 试述玉米子粒建成期的特征。

第二节 玉米对环境条件的要求

一、温度

玉米是喜温作物，从播种到成熟的整个生育期均要求较高的温度，尤其在拔节后，要求有稳定上升的气温。

（1）播种至出苗：玉米发芽适温为 25～35℃，最高温度为 40～45℃，最低温度为 6～7℃。在 10～12℃时，发芽整齐、健壮。所以，春玉米常以 0～5cm 地温稳定通过 10～12℃作为开始播种的指标。

（2）出苗至拔节：玉米出苗后，随着温度的升高，幼苗生长和拔节速度加快。当平均气温为 18℃时，出苗后 26 天即开始拔节；当平均气温上升到 20℃以上时，出苗后 18 天即开始拔节。

（3）拔节至抽雄：这一阶段是玉米茎叶生长的高峰期和穗分化期。茎叶生长的适宜温度为 21～26℃，雌雄穗分化要求平均温度为 24～25℃。玉米拔节至抽雄期间，秦皇岛春播玉米区日平均气温为 23.5℃，唐山为 24.3℃；保定夏播玉米日平均气温为 26.5℃，石家庄为 25.6℃，邯郸为 25.9℃。因此，河北省不论春播还是夏播区，此期日平均温度基本都在茎叶生长和穗分化要求的适宜温度范围内。

（4）抽雄至成熟：玉米开花期要求日平均温度 25～27℃，空气相对湿度 70%～90%；子粒形成和灌浆期间要求日平均温度 22～24℃，低于 16℃或超过 25℃，叶片光合作用降低，淀粉的合成、运输、积累受到影响，造成粒重下降、产量降低。在春玉米开花期日平均温度，秦皇岛为 25℃、承德 24.5℃、唐山 25.6℃；夏播玉米开花期日平均气温保定为 26.1℃，基本都在适温范围内。灌浆期和收获期日平均温度秦皇岛分别为 24.1℃和 21.7℃，唐山分别为 24.2℃和 21.5℃，保定夏播玉米日均温分别为 22.7℃和 20.5℃，也基本上能满足灌浆期对温度的要求。

二、光照

玉米是短日照作物，但对日照长度不敏感，所以，玉米不是典型的短日照作物。在苗期进行 8～12h 的短日照处理，可以加速生长发育。早熟品种 3～6 天即可通过光照阶段，对光的反应不敏感；中熟品种 3～9 天通过光照阶段；晚熟品种 10 天通过光照阶段，这类品种对光照反应较敏感，在长日照下穗原基分化推迟。河北省种植的玉米品种多属硬粒型品种和马齿型品种，对光照长度反应不敏感。

玉米的需光量指玉米对光照强度的要求限度。一般认为，玉米光补偿点为 300～1800lx，光饱和点在 10 万 lx 以上，在田间自然光照强度下，玉米没有光饱和点。玉米品种不同，光补偿点和光饱和点也有差异。

玉米植株上不同位置的叶片对光照强度的反应也不同。上位叶片比中位叶片的反应敏感，下位叶反应最不敏感，中上位叶片往往为光不饱和型，而下位叶片在光照强度为 3.0 万 lx 时就出现光饱和现象。

玉米种植密度适宜，可充分利用光照。如果密度过大，群体光照减弱，单株叶面积减少，茎秆细弱，易感染病害，倒伏率、空秆率增加。

三、水分

玉米是用水比较经济的作物。春玉米生育期的耗水量为 4500～5100m³/hm²，夏玉米为 3750～4200m³/hm²。玉米蒸腾系数为 240～368，比水稻、小麦都低。但玉米植株高大，产量高，所以绝对耗水量很大。在抽雄、开花时期生长旺盛，每株玉米一昼夜平均耗水 1.5～3.5kg，全生育期需耗水 200kg 左右。每生产 1kg 子粒，需耗水 600kg 左右。而且，不同生育时期对水分要求也不同。

（1）播种至出苗：需水较少，约占总需水量的 46%。这时土壤水分保持在田间持水量的 60%～70% 时，才能保证出苗良好。

（2）出苗到拔节：植株较小，生长迟缓，叶面蒸腾量小，耗水占总需水量的 19% 左右。此阶段的生长中心是根系，为了促进根系发育良好，应保持表土层疏松干燥，下层土壤湿润，以利于蹲苗促壮。本阶段的土壤水分应保持在田间最大持水量的 60%。

（3）拔节到抽雄：玉米拔节以后进入旺盛生长时期，茎叶急剧伸长和增长，雄穗、雌穗相继分化和形成，干物质也进入增长阶段，气温不断升高，叶片蒸腾强。因此是耗水较多的时期。此期春玉米耗水量约占总耗水量的 30.4%，夏玉米占 41.6%。雌穗的小花分化及性器官形成期为需水临界期。此期水分不足，会引起小花的大量退化而造成穗粒数减少；干旱会造成"卡脖旱"，雌雄花出现间隔延长，甚至雄穗抽不出，影响授粉，降低结实率而严重影响产量。这阶段土壤水分宜保持在田间最大持水量的 70%～80%。

（4）抽雄到吐丝：此期叶面积达到最大值，植株的代谢最旺盛，对水分的要求为一生中最高峰。此期耗水量占总耗水量的 9.2%。土壤水分宜保持在田间最大持水量的 80%。

（5）吐丝到乳熟阶段：此期耗水量占总耗水量的 22.9%。充足的水分能保证光合作用和蒸腾作用旺盛进行，使光合产物顺利地运到子粒中去。土壤水分宜保持田间最大持水量的 70%～80%。

（6）乳熟到蜡熟阶段：此阶段耗水量占总耗水量的 7%。子粒逐渐进入缓慢增长阶段，适宜的水分可防止叶片早衰，对增加粒重有一定的作用。土壤水分宜保持在田间最大持水量的 70%。

（7）蜡熟到完熟：此阶段耗水量占一生耗水量的 5.8%。

四、养分

玉米从土壤中吸收的营养元素达 20 多种，可保证玉米的正常生长发育。其中大量元素 N、P、K，中量元素 Ca、Mg、S，微量元素 Zn、Cu、Mn、B、Fe、Mo 作用较大。土壤中缺少任何一种必需元素，都会引起玉米生理功能的失调。

（一）氮、磷、钾的生理功能

（1）氮素：玉米对氮素的需要量比其他任何元素多。缺氮时，植株生长低矮、细瘦，叶片黄绿。若长期缺氮，则植株生长缓慢，抽雄延迟，雌穗发育不良，果穗短小或成空秆。

若氮素过多，会使营养体过于繁茂，机械组织不发达，易倒伏，易受病虫侵害，且抗逆力降低。

（2）磷素：磷也是玉米生长发育所需的主要元素，玉米对磷的需要量较氮、钾少。磷素供应充足，有助于根系的生长，增强玉米的抗旱能力，促进茎、叶干物质积累及向子粒转移，增加子粒数，改善品质，提高产量。

磷素缺乏，玉米根系生长不良，幼苗生长缓慢，叶色紫红，植株矮缩。苗期缺磷，即使后期供应充足，也难以补救；穗期缺磷，幼穗发育不良，抽丝延迟，果穗秃尖缺粒，粒行不整齐；后期缺磷，导致晚熟，产量和品质均下降。

（3）钾素：玉米对钾的需要量仅次于氮。钾充足时可提高叶尖的光合作用，使机械组织发育良好，厚壁组织发达，增强植株抗倒伏能力。

植株严重缺钾，生长受阻，茎节间变短，植株瘦弱矮小，叶尖和边缘发黄、焦枯，机械组织不发达，易感茎腐病，根系生长不良，易倒伏，果穗发育不良、秃尖严重，千粒重下降。钾肥一般作基肥或早期追肥。

(二) 需肥规律

（1）玉米吸收氮、磷、钾的数量：玉米吸收氮、磷、钾的数量因产量水平、品种和土壤肥力高低而不同。资料综合分析表明，每形成100kg子粒，春玉米需吸收 N 2.16～2.50kg、P_2O_5 0.64～0.91kg、K_2O 2.26～2.90kg；夏玉米需吸收 N 2.4～2.8kg，P_2O_5 1.01~1.26kg，K_2O 2.22～2.54kg。因此，玉米的施肥应以氮肥为主；玉米吸收磷素虽然较少，但一般土壤中可供利用的有效磷含量很低，为获得高产，应重视增施磷肥；玉米对钾的需要量很大，但一般土壤有效钾含量较高，在中低产水平下，一般不需要施用钾肥。高产栽培条件下，则应补充钾肥。尤其是在小麦—玉米种植方式下，玉米增施钾肥有一定的增产效果。

（2）玉米各生育时期对氮、磷、钾的吸收：玉米不同生育时期对氮、磷、钾的吸收速度和数量都有显著差别。总的趋势是苗期吸收少，拔节到开花期吸收数量多，开花到成熟期又减少。从阶段吸收量看，以小喇叭口至抽雄期吸收最多，氮、磷、钾分别可占总吸收量的40.24％、43.23％、53.95％。可见，此期重施穗肥，保证养分的充分供给是非常重要的。此外，玉米抽雄以后，三要素吸收数量均占总吸收量的40％～50％，因此，要想获得玉米高产，除重视穗肥外，还要重视粒肥。

(三) 合理施肥技术

1. 施肥量

确定玉米适宜的施肥量，一般按经济产量所需要的氮、磷、钾数量，再根据土壤供肥能力以及肥料利用率计算得出。一般情况下，氮肥施肥量应为需肥量的2～2.5倍、磷为2～4倍、钾为2.5～3倍。全国紧凑型玉米科研组提出，春玉米 11250kg/hm² 以上的产量水平每公顷适宜的施肥量为：N 300～375kg、P_2O_5 150～180kg、K_2O 150～225kg；夏玉米 10500kg/hm² 产量水平每公顷的适宜施肥量为：N 330～375kg、P_2O_5 120～150kg、K_2O 75～150kg。

2. 施肥原则

有机肥与无机肥配合；氮、磷、钾与微肥配合；基肥、种肥及追肥配合。做到平衡施肥，以提高土壤肥力，增加产量。

3. 施肥技术

（1）基肥。河北省春玉米种植区，有机肥和磷、钾肥及微肥可以作基肥施用，夏玉米尤其夏直播玉米一般不施基肥。微量元素肥料作基肥每公顷施用量，硼酸 11.25～18kg、硫酸锰 15～30kg、硫酸铜 15～30kg、硫酸锌 7.5～30kg、钼 0.6～1.5kg。

（2）种肥。土壤肥力低、基肥用量少或不施基肥（如铁茬播种）的玉米田，施用种肥增产效果明显。一般每公顷用量纯 N 22.5kg、P_2O_5 45～60kg、K_2O 37.5kg 用条施或穴施法，施用深度 10cm 左右，以种子下 3～5cm 或在种子两侧 4cm 左右为好，切忌种子与种肥接触，以免造成烧种缺苗。夏直播机械播种时，可将磷钾肥全部用作种肥。

（3）追肥。氮肥多作追肥。追肥时期、次数和数量要依据玉米吸肥规律、产量水平、地力基础、施肥数量、基肥和种肥的施用情况等综合考虑。生产上一般采取 3 种追肥方式：高产田，地力基础好，追肥数量多，最好采用轻追苗肥、重追穗肥和补追粒肥的 3 次追肥法；中产田，地力基础较好，追肥数量较多，宜采用施足苗肥和重追穗肥的两次施肥法；低产田，地力基础差，追肥数量少，采用重追苗肥、轻追穗肥效果好。

①苗肥。在定苗到拔节期施用。有促根、壮苗和促叶、壮秆作用，为穗多、穗大打好基础。春玉米区，气温低，雨水少，肥效慢，基肥、种肥用量少时应早施苗肥。夏玉米由于麦田套种和抢茬夏直播，一般不施基肥，种肥用量也不足，应早施苗肥。苗肥用量占总追肥量的比例，高产田为 30%、中产田为 40%、低产田为 60%。

②穗肥。玉米雌穗生长锥伸长期至雄穗抽出前施用的追肥，一般多在大喇叭口期追施。此时营养体生长迅速，需肥需水较多，是决定果穗大小、子粒多少的关键时期。这时肥水齐攻，能满足穗分化对肥水的需要，又能提高中上部叶片的光合生产率，促进粒多和减少空秆。

各地研究表明，不论春玉米还是夏玉米，肥地或瘦地，只要适时适量追施穗肥，都能获得显著的增产效果。穗肥占总追肥量的比例高产田为 50%、中产田为 60%、低产田为 40%。

③粒肥。玉米抽雄至开花期施用的追肥。玉米抽雄后到成熟还要从土壤中吸收占总量 40% 左右的氮素。子粒产量的 80% 是靠后期叶片制造的光合产物直接积累的。因此，后期土壤中养分缺乏，植株脱肥早衰不能获得高产。必须施入一定量的粒肥，促进粒多、粒重。高产田粒肥应占总追肥量的 10%～20%。开花期喷施磷酸二氢钾和微肥，均有促进子粒形成、提早成熟及增产的作用。

五、二氧化碳（CO_2）

CO_2 是光合作用的原料，作物产量 90%～95% 来自于光合作用。玉米的 CO_2 补偿点低（0～10mg/kg），据测定，玉米群体冠层 CO_2 浓度，夜间和早晨可达 400mg/kg 以上，正午期间降低到 250mg/kg 以下，甚至 100mg/kg，远远低于 CO_2 饱和点（800～1800mg/kg）。因此，适当增加田间 CO_2 浓度，有利于提高玉米的产量，这是推广 CO_2 根外追肥的理论基础。

在目前的产量水平下，田间 CO_2 的量不会成为玉米增产的障碍。生产上采取增施有机肥料、多中耕、南北行向种植等措施，都有助于改善田间 CO_2 供应状况。

六、土壤

玉米对土壤要求不十分严格，一般土壤都可种植。但要取得高产，需达到以下要求。

（1）土层深厚、结构良好：玉米适宜在土层深厚的轻壤或中壤上种植。要求土壤疏松，团粒结构好。

（2）土体构型好、疏松通气：玉米需氧较多，根系生长对土壤氧气的最低要求为6%，适宜的氧气含量为10%～15%。土层疏松，通气良好，有利于根系下扎。涝洼地玉米产量低，与缺乏氧气有关。

（3）耕层有机质和速效养分高：玉米所需养分的60%～80%由土壤提供，20%～40%来自肥料。可见培肥地力、增施肥料是玉米高产的基础。

玉米正常生长要求土壤pH为5～8，以6.5～7.0最适宜。玉米苗期耐盐力较差，拔节、抽穗期较强。

（4）土壤透水、保水性能好：玉米高产需要透水、保水性能好的土壤条件，要求降雨或灌溉后渗水快，又能保水，具有较强的抗旱能力。

 复习题

1. 玉米不同生育时期对温度的要求是什么？
2. 哪一时期玉米对水分的反应最敏感？为什么？
3. 简述玉米的需肥规律及施肥技术。

第三节 玉米的栽培技术

一、整地

玉米根系强大，分布深广，加厚活土层能提高蓄水抗旱能力，扩大养分供应范围，促进根系向纵深发展，是玉米高产的重要条件。根据河北省气候特点和种植制度的不同，春、夏玉米种植技术不尽相同。

1. 春玉米深耕整地

春玉米要早耕，增强土壤的蓄水保墒性及提高养分的有效性，减少病虫害。要深耕，加深土壤的耕作层，一般以25～30cm为宜。深耕的效果：①土壤虚实并存，有利于抗旱防涝，深耕打破了传统的封闭式的犁底层，形成了开放式的犁底层，提高土温、蓄水保墒；②增加了土壤孔隙度，保温性能增加，可提早出苗1～2天，成熟提早3～4天；③减少杂草和病虫为害。

2. 夏玉米免耕覆盖机械播种综合配套技术

夏玉米免耕覆盖机械播种综合配套技术，2002年被河北省农业厅列为农业技术重点推广项目，该技术在小麦、玉米两茬平作地区，小麦收获后不经播前整地，直接在麦茬地上使用播种机播种夏玉米，是集开沟、播种、施肥、覆土、镇压等多道工序于一体的栽培技术。该技术主要包括夏玉米免耕机械播种、前茬秸秆处理、化肥深施、化学除草等一系列操作。该技术具有省人工、抢农时、提高播种质量、减少麦秸焚烧和增加土壤肥力等作用，麦秸覆盖还可抑制土壤水分蒸发和杂草生长，是一项增产增收、生态效应好的农机化技术。

二、播种

1. 选用良种

生产实践证明，良种是壮苗及丰产的基础。在相同的自然栽培条件下，优良杂交种一般增产的幅度可以达到10～20%。应选择生育期长短适宜，符合产量指标和用途，要求抗病、高产、纯度高的品种。春玉米应选择生育期在120～130天的晚熟品种；夏玉米应选择生育期95～105天的中早熟优良品种。近年来，我们地区玉米推广面积较大的有：春播选择生育期较长的品种，如农大108、沈单16、蠡玉6、农大84等；夏播可选品种，如浚单20、郑单958、蠡玉16等。

2. 适时早播

播期确定的原则是既有利于植株生长，又有利于充分的利用光、温、水等资源。一般情况下5～10cm地温稳定在10～12℃时播种最为适宜。播种的深度一般为4～6cm，黏土要浅播，沙土要深播。现在一般为机械播种，点播苗用种2～3kg，条播苗用种3～4kg。春玉米一般在5月上旬，夏玉米应在收麦后抢时播种。一般在6月25日前完成播种，最晚不应晚于6月底。

三、合理密植

1. 种植密度对玉米产量的影响

一般情况下，随着密度的增加单株生产力下降，主要表现在穗粒数和粒重的下降。增加密度可以增加叶面积，减少漏光损失，增加生物产量，但是密度过大，最大叶面积所保持的时间较短，光合势下降，田间湿度增加，温差减小，还会导致群体内的光照变差，光合效率不高，易于倒伏、感病。

2. 合理密植的原则

玉米的种植密度与品种、播期、肥水、栽培条件及气候条件有关。一般株型紧凑，叶数较少的早熟品种密度可适当大些，反之则小些。一般平展型密度在每公顷52500～60000株，紧凑型在每公顷67500～75000株。早播或春播，生育期长，叶片多，宜适当稀植，迟播或夏播，生长快，生育期短，叶片减少可密植。土壤肥力条件好，栽培水平高宜密些，反之则稀些。等行距密度要小，宽窄行（宽行80～90cm，窄行50～60cm）则要大一些。

四、田间管理

（一）苗期管理

1. 生育特点

苗期主要是长根、增叶、茎节分化，是决定叶数和节数的时期。主攻目标是采用促控措施，促进根系生长，控制茎叶徒长，以培育壮苗为核心。

2. 管理措施

（1）化学除草。使用化学除草剂，既可有效杀死或控制杂草又可减轻劳动强度，减少劳动投入。当前普便使用的除草剂是乙阿合剂，每亩用 40％的乙阿合剂 200～250ml，兑水 50kg，在玉米播后出苗前喷施。玉米 7～8 叶后，用 15％克无踪或百草枯 300 倍液定向喷雾，可防治大龄杂草。

（2）破土防旱，防止板结，助苗出土。播种后，如果田间持水量在 60％以上，种子就能正常发芽，但是如果播后遇雨，土壤就会板结，出苗就会受阻。因此，可以根据实际情况，适当的锄土。

（3）查苗补缺，确保全苗。出苗后缺苗严重时，可选用较早熟品种的饱满种子浸种催芽或坐水补种，缺苗少时可移栽补苗。在 2～4 叶时，带土移栽，如果补种则要在 2 叶以前。

（4）间苗、定苗。玉米 3～5 叶时，由异养转为自养，适时间苗、定苗可避免幼苗拥挤和互相争肥、争水、争光，利于幼苗健壮生长。在 3 叶时及时间苗，间苗就是间密留稀、间弱留强。在 4～5 叶时定苗，定苗是定向、留匀、留壮。一般定苗不晚于 6 叶。

（5）水肥管理和蹲苗。苗期只需全生育期需水量的 18％及全生育期需肥量的 10％，总之，基肥要施足，苗肥要少施，水要少浇。出苗后适时浅中耕，苗期一般 2～3 次。喷施除草剂不中耕，未喷施的可结合锄草，中耕灭茬。注意蹲苗，掌握"蹲黑不蹲黄，蹲肥不蹲瘦，蹲湿不蹲干"的原则。要注意弱苗偏管，追施速效氮肥。防治病虫害。

（二）穗期管理

1. 生育特点

穗期是营养生长和生殖生长并进，生长旺盛，穗分化前以茎叶为生长中心，分化后转向雄穗和雌穗为主。主攻目标是以促穗、促根、促叶和控秆。要达到根系发达，气生根多，基部节间粗短，叶色深绿，茎秆挺拔。

2. 管理措施

（1）肥水管理。拔节抽雄期是玉米对水分最为敏感的时期，称为玉米的需水临界期，占玉米总需水量的 30％左右。拔节前后，容易干旱，要注意浇水，保持田间最大持水量的 60％～80％，后期要注意防涝，防止徒长。同时要巧施拔节肥和重施穗肥，主攻大穗和棒三叶，控制茎节伸长。

（2）中耕培土。结合施肥进行中耕培土，拔节前要巧施拔节肥进行中培土，拔节后，12～14 片叶重施穗肥，进行高培土。

（三）花粒期管理

1. 生育特点

花粒期以生殖生长为中心，营养生长基本停止，授粉以后以籽粒建成为中心。此期的主攻目标为：防止根叶早衰，保根护叶，延长叶片的功能期，尤其是以棒三叶以上的叶片（穗叶组和粒叶组）的功能期。

2. 管理措施

（1）补施粒肥。高产栽培的田块或有脱肥趋势的田块，应在开花期补施少量氮肥。

（2）去雄。去雄的时间在抽雄散粉前，主要是为了减少营养和水肥的消耗，减轻玉米螟和蚜虫的为害。去雄主要选择晴天的 10～15 时进行，一般采用隔行或者是隔株去雄，去弱留强，一般不宜超过总数的 1/3，可以增产 10％左右。

（3）人工辅助授粉。玉米在开花期遇到干旱、高温、阴雨连绵等不利气候条件，常常会出现雌雄花期不协调、雌穗苞叶过长抽丝困难、花粉量少、花粉生命力弱等现象，从而影响正常授粉、受精和结实，导致结实不良，产生严重秃尖。若发现田块中雄花散粉率低于 40％时，就必须进行人工辅助授粉。主要是增加授粉的机会，提高结实率，一般能增产 8％～10％。方法主要是在盛花期，选择晴天的 9～11 时，隔天 1 次，共 2～3 次。人工辅助授粉一般用竹竿或拉绳推动植株或用手摇动植株等方法，使花粉尽量落到花丝上。在授粉过程中要注意不损伤叶片和撞断植株。

（4）施用生长调节剂。施用健壮素，矮化植株，降低穗位，提高粒数和粒重。施用增产灵可以延长叶片的寿命。

（5）适时收获。成熟末期含水量为 25％时即可收获。此期的特征为：茎叶变黄，苞叶干枯，籽粒尖冠处出现黑色层，籽粒变硬、无浆，具有本品种的颜色和光泽。收早则籽粒不饱满，含水量高，产量低。如果确实有客观原因必须早收，也可以通过带全株或者地上部分或者棒三叶以上的部分推放一周，都可以适当减少损失。

第四节　旱作玉米栽培技术

我国旱作玉米在玉米种植面积中占有较大比重。旱作玉米是指年降水量 350～650mm，在无灌溉条件（雨养）的地块上进行玉米生产。

一、干旱对玉米的影响

旱作玉米其生长发育所需水分只能靠自然降水来供给，而自然降水的总量及其时空分布并不一定与玉米对水的需求相吻合，因此，旱作玉米常受到旱灾的影响。

干旱对玉米的影响，主要表现在生长变缓，植株矮小，叶面积减少，干物质积累量下降等方面。不同生育时期干旱对玉米产量影响不同。拔节期前后干旱，主要是限制营养生长，而中后期干旱，则主要限制生殖器官的生长发育，导致穗粒数和粒重下降。

二、提高旱作玉米田水分利用率的途径

1. 旱作玉米田土壤水分季节变化规律

冬季为土壤水分凝聚冻结积累阶段。入冬以后，土壤自上而下冻结，在温度梯度作用下，下层水气不断向上移动，遇冷后凝聚冻结，是土壤上层水分最丰富的阶段，也是旱作春玉米播种至出苗阶段所需水分的基础，保持这部分水分，就可以做到秋雨春用。春季随着气温的不断升高，土壤逐渐解冻。在冻融交替时气温尚低，蒸发较轻，应抓住这一关键时期，顶凌耙糖保墒，为春播创造良好的水分条件。当土壤化通后，重力水下渗，表层水蒸发，随气温的进一步升高，春风加大，在毛管作用下，水分不断向地表运动，土壤表面开始形成干土层并不断加厚，超过一定深度则难以播种，影响正常出苗。夏季是土壤水分大量蓄积阶段。7～8 月份降水较多，是一年中的雨季，应采取适当蓄水措施（地膜覆盖、

秸秆覆盖等）。秋季是土壤水分缓慢蒸发阶段。9月以后，气温渐低，蒸发比较缓慢，待玉米收获后，应抓住时机深耕蓄水。

2. 提高旱作玉米降水利用效率的途径

山西农业大学根据我国旱作玉米生产特点和限制因素，提出旱作玉米提高降水利用效率的途径。

（1）截住"天上水"。旱地玉米要搞好农田基本建设，应因地制宜，采用"修梯田""丰产沟"等耕作措施，减少水土流失，逐步培养地力，不断提高产量。

（2）蓄住"地中水"。自然降水被土壤接纳之后，除径流、下渗损失外，主要是地面蒸发损失和玉米叶面蒸腾损失。采取各种行之有效的抗旱耕作措施，尽可能减少土壤水分的损失。如旱农蓄水聚肥改土耕作法（丰产沟）、旱地玉米免耕秸秆覆盖、地膜覆盖及秸秆覆盖技术、玉米机械化有机旱作技术、埯子田、播前播后镇压保墒以及地面喷洒防蒸发剂等。

（3）用好"土壤水"。在截住天上水，蓄住地中水的基础上，应采取有效措施用好"土壤水"。大量研究表明，"以肥调水"是提高旱作玉米自然降水利用率的有效措施。如深耕、增施有机肥、秸秆还田以改良土壤结构，不断培肥地力；合理增施化肥以提高土地生产能力；采用耐旱品种挖掘增产潜力；合理密植，精细管理力争高产。

三、旱作玉米抗旱耕作方法

1. 旱农蓄水聚肥改土耕作法（丰产沟）

该方法是山西省水土保持研究所经多年研究而提出的一种抗旱耕作法。在肥力较高的土壤上，丰产沟比一般耕作法可增产40%，在瘠薄地上可增产1倍左右。丰产沟的优点是土壤容重减小，孔隙度增加，活土层加厚，表土地温提高1.1~2.4℃。同时能防止水土流失，提高土壤透水性，增加蓄水抗旱能力。丰产沟操作技术，最早是人工开挖方法，费工、费时，难以推广。比较实用的方法是耕牛牵引山地步犁开沟松土，人用铁锹辅助填沟培垄配合完成。沟内种玉米，垄上种绿肥。

2. 机械化有机旱作技术

针对旱作玉米的干旱、瘠薄、雨养的特点，通过一系列机械化作业，如深耕、秸秆粉碎还田、镇压、机械化播种、增施有机肥、无机肥等，提高玉米对自然降水的利用率，实现旱作玉米增产、增收和长期稳产。该技术可在年平均气温>8℃的半干旱或半湿润偏旱地区，采用一年一熟种植制度，且不以玉米秸秆作饲料和燃料的地区推广应用。其技术体系如下。

（1）机械化深耕。用大中型拖拉机每年于收获后进行一次深耕，深25cm，充分发挥"土壤水库"纳雨蓄墒的功能，使秋雨春用，解决了天然降水与玉米需水不同步的问题。

（2）秸秆就地粉碎直接还田。用玉米摘穗机或秸秆粉碎机把收获时的秸秆就地粉碎，此时玉米秸秆含水量较高，容易腐烂，随机械深翻入土，可有效地提高土壤有机质，培肥地力，增强土壤蓄水保肥能力。

（3）机械镇压。根据土壤墒情在播前、播后采用可调重量的滚筒式镇压器进行适度镇压，可调动下层水向表层运动，提高玉米出苗率，出苗期提前1~3天，确保苗全、苗壮。

（4）机械化播种。机械化播种深度一致，行株距均匀，又可缩短播期，提高玉米田间整齐度，为高产、稳产奠定基础。

3. 玉米秸秆覆盖技术

玉米秸秆覆盖是利用玉米秸秆覆盖于地表，以减少风雨侵蚀，防止水土流失，蓄水保墒，培肥改土，调节地温，增加旱作玉米产量的一种栽培技术。可在年平均气温＞8℃的半干旱及半湿润偏旱地区推广使用。秸秆覆盖方式与操作程序有下列几种类型。

（1）半耕整秆半覆盖。玉米立秆收获后，一边割秆一边硬茬顺行覆盖，盖67cm，空67cm，下一排根要压住上一排梢，在秸秆交接处和每隔1m左右的秸秆要适量压土，以免被风刮走。翌年春天，在未盖秸秆的空行内耕作、施肥。用单行或双行半精量播种机在空行靠秸秆两边种两行玉米。玉米生长期间在未盖秸秆内中耕、追肥、培土。秋收后，再在第一年未盖秸秆的空行内覆盖秸秆。

（2）全耕整秆半覆盖。玉米收获后，将玉米秆搂到地边，耕耙后顺行覆盖整株玉米秆，栽培管理与半耕整秆半覆盖相同。

（3）免耕整秆覆盖。玉米收获后，不翻耕，不灭茬，将玉米整株秸秆顺垄割倒或用机具压倒，均匀地铺在地面，形成全覆盖。第二年春天，播种前2～3天，把播种行内的秸秆搂到垄背上形成半覆盖。播种采用两犁开沟法，先开施肥沟，沟深10cm以上，施入肥料。第二犁开播种沟，下种覆土。生长期间管理和半耕整秆半覆盖操作程序相同。

（4）地膜、秸秆二元覆盖。旱、寒、薄是高寒冷凉区农业发展的主要制约因素，推广地膜、秸秆二元覆盖技术是解决旱、寒、薄三大问题重要技术之一。它既有地膜覆盖增温保墒作用，又有秸秆覆盖蓄水保墒、肥田改土作用。

4. 抗旱制剂的应用

（1）抗蒸腾剂。植物抗蒸腾剂是指用于植物叶片表面，可以降低叶面蒸腾作用，减少水分散失的一类物质。使用抗蒸腾剂的主要理论依据是，在一定条件下使用抗蒸腾剂，适当减小气孔开张度或关闭部分气孔，能够显著降低植物的蒸腾作用，而对光合作用、呼吸作用及其他生理代谢活动无明显的不利影响。当前应用较多的抗蒸腾剂是FA（黄腐酸）进行叶面喷施或拌种。

（2）保水剂。保水剂是一种具有高度吸水功能的高分子材料，能够吸收和保持自身重量400～1000倍，甚至高达5000倍的水分。保水剂颗粒一旦遇到水则很快吸水，可调节土壤含水量，是土壤的"微型水库"。保水剂使用方法主要是种子包衣和种子丸衣造粒（将作物种子与某些化肥、微量元素、农药及填充料拌和造粒成丸）。

第五节　玉米地膜覆盖栽培技术

一、地膜覆盖的生态效应

（1）提高地温：使玉米生育期提前5～15天。据山西省雁北地区农科所测定，玉米覆膜15天后，10cm地温比露地玉米高2.5～5.7℃。全生育期增加有效积温300～400℃。

（2）保墒提墒：据山西晋中农业技术推广站测定，地膜玉米全生育期0～30cm土层含水量比露地玉米平均高1.35%。覆膜后加大了土壤热梯度，促使深层水向上运动，具有提墒作用。

（3）促进养分转化：原东北农学院报道，覆膜土壤各类微生物种群比露地土壤显著增加，细菌等微生物活动旺盛，加速了有机质的分解。

（4）改善土壤物理性状：覆膜后土壤水分蒸发减少，避免了风吹雨淋，也减少了人工或机械的耕作次数，使土壤基本结构保持较好。同时，还增加了土壤孔隙，降低了土壤容重。对盐碱地来说，由于覆膜大幅度地减少了水分的蒸发，使随着水分运动带到地表的盐分减少，盐分不易在表层聚集，抑制返盐的效果比较显著，特别有利于玉米的出苗和全苗。据调查，盐碱地玉米覆膜后，出苗率提高 60% 左右。

二、玉米地膜覆盖主要技术环节

1. 选用适宜的品种

地膜栽培玉米应选择比原来露地栽培生长期长 8～12 天，或所需积温多 200～300℃ 的品种。还应选用不早衰、抗性强的紧凑型品种，以发挥地膜增产效果。

2. 选地整地

选择地势平坦、土层深厚、土质疏松、肥力中等以上、保肥保水能力好的地块，切忌选用陡坡地、砂土地、瘠薄地、洼地、易涝地、重碱地种植。地膜玉米整地总的要求是适时翻耕、精细平整、消灭坷垃、消除杂草根茬、施足底肥，而后作垄盖膜。

3. 地膜选用

一般采用厚度为 0.005～0.008mm 聚乙烯线型膜。目前，渗水地膜已研制成功，在北方旱区春旱条件下，使用渗水地膜可将春季小雨及时渗入土壤，变无效降水为有效降水，增产效果明显。另外，各种可降解地膜已研制成功，可选择使用，以减少土壤污染。

4. 适期播种

应比当地在露地条件下提早 7～15 天播种。

5. 盖膜播种分两种形式

（1）先播种后盖膜，出苗后打孔放苗出膜。其优点是可以防止膜面土壤结壳，能使用地膜覆盖机进行操作。此法用于海拔较高，低温冷害较重，春雨早，墒情好的地区和地块。

（2）先盖膜后打孔播种。对于干旱少雨，墒情差的地区和地块，可在雨后墒情好时，提前覆膜，待播期一到，在膜面用简易工具打孔播种。该方法的缺点是比较费工、费时，不利于机械化操作。

6. 合理增加密度

在同等条件下，一般要求覆盖比不覆盖增加留苗密度 7500 株/hm² 左右。

7. 适时揭膜

随着高温多雨季节的来临，在盖膜增温效果不明显时应进行揭膜。河北农业大学（1986—1987 年）试验结果，以 7 月上、中旬揭膜较好，这时正值雨季高峰来临之际，可以接纳较多雨水。山西农业大学报道，旱地玉米以大喇叭口期揭膜产量最高。

8. 加强田间管理、防止早衰

加强覆膜玉米的田间管理，掌握苗期长势，做到促壮早发，中期不徒长，后期不早衰，及时防治病虫害，是夺取高产的保证。防早衰的关键在于施足基肥，种肥氮、磷、钾配合施用，根据不同生育时期植株长势进行追肥，在同等条件下，应比露地玉米适当加大投肥量。

9. 残膜回收

收获后，及时捡净残膜，以防其对土壤的污染。

第六节　玉米病虫害防治技术

一、病害及其防治

（一）玉米大、小斑病

1. 症状识别

玉米大斑病的典型症状：由小的病斑迅速扩展成为长棱形大斑，严重的长达 10～30cm，有时几个病斑连在一起，形成不规则形大斑。病斑最初呈水渍状，很快变为青灰色，最后变为褐色枯死斑。空气潮湿时，病斑上可长出黑色霉状物。

玉米小斑病的典型症状：病斑小，一般长不超过 1cm，宽度只限在两个叶脉之间，近椭圆形，病斑边缘色泽较深，为褐色（图 2-6）。

A　　　　　　　　　　　　　　　　B

图 2-6　玉米大小斑病

A. 玉米大斑病　B. 玉米小斑病

2. 防治方法

（1）选用抗病品种。这是防治大、小斑病的根本途径。

（2）消灭越冬菌源和减少发病初期菌量。轮作倒茬可减少菌量，另外玉米收获后应彻底清除田间病残体，并及时深翻。在病害发生初期，底部 4 个叶发病以前，打掉下部病叶，可使发病程度减轻一半。

（3）适期早播。使整个玉米生育期提前，可缩短后期高湿多雨的时间，有避病作用。

（4）加强肥水管理。玉米是一种喜肥作物，加强肥水管理，可提高抗病力。

（5）药剂防治。可用50％退菌特可湿性粉剂800倍液，50％稻瘟净1000倍液，50％甲基托布津500～800倍液喷施。施药应在发病初期开始，这样才能有效地控制病害的发展，必要时隔7天左右再次喷药防治。

（二）玉米纹枯病

1.症状识别

玉米纹枯病属真菌病害，主要为害叶鞘，也可为害茎秆，严重时引起果穗受害，发病初期多在基部1～2茎节叶鞘上产生暗绿色水渍状病斑，后扩展融合成不规则形或云纹状大病斑，病斑中部灰褐色，边缘深褐色，由下向上蔓延扩展。播种过密，施氮肥过多，湿度大，连阴雨易发病，玉米性器官形成至灌浆充实期最易感病（图2-7）。

图2-7 玉米纹枯病

2.防治方法

（1）清除病源或深翻掩埋菌核及病残体，发病初期清除基部病叶。

（2）药剂防治。发病初期喷洒1％井岗霉素0.5kg兑水200kg或50％多菌灵1500溶液喷雾，重点喷玉米基部，保护叶鞘。

（三）玉米锈病

1.症状识别

玉米锈病属真菌病害，主要侵染叶片，初期在叶片两面散生淡黄色长形或卵形褐色小脓疱，后小疱破裂，散出铁锈色粉状物，后期病斑上生出黑色近圆形或长圆形突起，开裂后露出黑褐色冬孢子。一般高温多湿或连阴雨，偏施氮肥发病重。

2.防治方法

发病初期喷洒25％三唑酮1500倍液或白粉锈病清1000倍液或25％敌力脱3000倍液，隔10天喷1次，连喷2次。

二、虫害及其防治

（一）玉米螟

1.为害特点

玉米螟以幼虫蛀食玉米茎秆为主，造成玉米倒折。其次是幼虫蛀食果穗，影响结实。

2.防治方法

防治玉米螟要抓住关键时机，即玉米大喇叭口期，此时可选用5％甲基柳磷（1∶6），15％辛硫磷（1∶15），或选用生物制剂白僵菌每亩500g，Bt乳剂每亩15g，制成毒砂或颗粒剂，每株撒施1～2g；防治玉米螟最好的办法是每年在5月底以前，彻底消除上年存留的玉米秸秆，消灭越冬虫源。

（二）黏虫

1. 为害特点

此虫不能越冬，初虫源是由南方迁入（成虫），迁入后发生 2 代，以第 1 代幼虫为害玉米。此时正值小麦生长后期，幼虫不取食小麦，以田间幼嫩杂草和玉米为食，待小麦收割后，幼虫全部转移集中到套种玉米的植株上取食。如果此时防治稍不及时，黏虫会将玉米的叶片全部吃光。

2. 防治方法

防治黏虫要在 6 月底 7 月初小麦尚未收割时进行，等小麦收割后，对防治不彻底的田块可补防 1 次。防治药剂可选用 90％晶体敌百虫每亩 100g，20％敌马乳油（合剂）每亩 100g，25％功夫乳油每亩 20ml，20％速灭杀丁乳油每亩 20ml，兑水 30kg 喷雾。

（三）玉米红蜘蛛

1. 为害特点

玉米红蜘蛛又叫玉米叶螨，主要以朱砂叶螨为优势种。该虫 20 世纪 80 年代以前很少为害玉米，随着玉米面积的不断扩大，危害日趋严重。由于虫体微小，又在叶背吸食，田间不易被发现，被害玉米的叶片由白变黄，最后枯死，严重影响玉米灌浆。

2. 防治方法

防治药剂可选用 40％乐果乳油每亩 75ml，20％三氯杀螨醇乳油每亩 75ml；20％灭扫利乳油每亩 20ml 兑水 30kg 喷雾。如果田间套种有黄豆等作物都要进行喷药，因这些作物都是红蜘蛛的主要寄主。

（四）玉米蚜虫

1. 为害特点

为害玉米的主要是玉米蚜，其次为禾谷缢管蚜。该虫自玉米大喇叭口时期直至玉米收获时均能为害。蚜虫四世同堂群聚于心叶，叶稍、叶筒中，雄穗及苞叶上吸食植株汁液，使受害部位退绿，心叶扭曲，严重的不能抽雄，有的籽粒秕瘦，产量下降。该虫排泄的黏液，使上部功能叶片等部位发生煤污病，影响光合作用。

2. 防治方法

防治玉米蚜虫可选用乐果、灭扫利（用法同红蜘蛛），最好两种药剂交替使用。另外，也可使用 50％抗蚜威可湿性粉剂每亩 15g，兑水 30kg 喷洒。

第三章　棉　花

第一节　概述

一、棉花生产在国民经济中的意义

棉花是我国重要的经济作物，是关系国计民生的重要物资。棉纤维是纺织工业的重要原料。棉纺织品具有吸湿性强、透气性好、保暖性能好、着色稳定、手感柔软、穿着舒适等优点。因此，棉纤维不能为化学纤维所代替。在我国纺织工业中，棉纤维一度占纺织工业原料的 60% 以上。因此，棉花生产的丰歉，直接关系到纺织工业的发展。棉籽仁含丰富的油脂和蛋白质，剥绒棉籽含油率 18%～20%，棉籽仁含油率高达 35%～46%；棉籽仁中蛋白质含量高达 30%～35%。脱毒棉籽饼是良好的饲料。棉短绒由短纤维和断纤维组成。一类绒（12～16mm）可生产棉毯、绒衣、绒布等纺织品，还可生产蜡纸和铜版纸等高级纸张。二类绒（3～12mm）可制成硝酸纤维素，用于生产无烟火药或推动火箭的固体燃料。三类绒（3mm 以下）可生产黏胶纤维和醋酸纤维。棉籽壳是生产多种食用菌的天然培养基，经加工可生产出糠醛、丙酮、酒精、甘油、植物激素等 10 多种产品。棉秆可制造火药、纤维板、装饰板、贴面板等，同时，还可代替进口木浆生产牛皮箱板纸。棉酚是一种多酚化合物，它是棉属植物所共有，游离的棉酚对人体和单胃动物有毒，但在医药和化学工业中有重要用途。精制棉酚可用于生产治疗肺癌、肝癌、子宫肌瘤等疾病的药物。

二、棉花的起源与分类

棉花在植物分类学上属被子植物，锦葵科，棉属。棉属植物多为一年生亚灌木、多年生灌木或小乔木。根据 1992 年分类，棉属分为 4 个亚属，50 个种。其中有草棉、亚洲棉、陆地棉和海岛棉 4 个栽培种。

草棉原产于非洲南部，是非洲大陆栽培和传播较早的棉种，又称为非洲棉。亚洲棉原产于印度大陆，在亚洲最早栽培和传播，故称为亚洲棉（俗称粗绒棉）。两者均为二倍体，又称为旧世界棉。

陆地棉原产于中美洲墨西哥的高地及加勒比海地区。目前棉花生产上所栽培的品种绝大多数是陆地棉（又称细绒棉）。海岛棉原产于南美洲、中美洲、加勒比海群岛和加拉帕戈斯群岛，由于其纤维长，又称为长绒棉。陆地棉和海岛棉均为四倍体，又称为新世界棉。当前世界上栽培的棉花 98% 以上是陆地棉和海岛棉。

三、世界和我国棉花生产概况

（一）世界棉花生产概况

据国际棉花咨询委员会1998年统计，全世界有150多个国家植棉，主要集中在亚洲和美洲。亚洲棉田面积占62%，总产占64%；美洲棉田面积和总产量分别占26%和24%。1988—1997年10年平均，全世界棉田面积3316.7万 hm^2，5个产棉大国占棉田总面积的69.3%，其中印度24%，中国16.5%，美国15.3%，巴基斯坦8.4%，乌兹别克斯坦5.1%；全世界棉花总产量1889.4万 t，5个产棉大国占全世界总产量的70.9%，其中中国23.4%，美国19.4%，印度12.4%，巴基斯坦8.5%，乌兹别克斯坦7.2%。1997—1998年世界平均单产568kg/hm^2，单产最高的国家是以色列和澳大利亚，分别为1656kg/hm^2和1520kg/hm^2。在5个产棉大国中，中国、乌兹别克斯坦均为813kg/hm^2，美国724kg/hm^2，巴基斯坦573kg/hm^2，印度294kg/hm^2。

（二）我国棉花生产概况

我国已有两千多年的植棉历史，是世界棉花生产、消费和贸易大国。新中国成立以来，我国棉花生产得到了快速发展（表3-1）。目前，全国除西藏、青海、内蒙古和黑龙江等省、自治区外，都有棉花栽培。新疆、山东、河南、江苏、河北、湖北、安徽7省（自治区）是我国的主要产棉省（自治区），植棉面积和产量约占全国的85%，其中新疆棉区棉田面积和产量由1979年的16.1万 hm^2，总产5.3万 t，提高到2000年的101.2万 hm^2，总产145.6万 t，位次由1979年的第13位，升至1993年后的全国首位。

表3-1 全国每10年棉花面积总产和单产变化

时间	播种面积（万 hm^2）	总产（万 t）	单产（kg/hm^2）
1949 年	277.0543.6	44.4	165
1950—1959 年	543.6	135.3	249
1960—1969 年	467.8	167.0	357
1970—1979 年	488.3	222.2	455
1980—1989 年	539.6	400.4	742
1990—1999 年	522.9	446.8	870

四、我国棉区的划分

我国宜棉区域广阔，棉区范围大致在北纬14°～47°。根据我国各宜棉区域的不同生态条件和棉花生产特点，划分为5大棉区，即华南棉区、长江流域棉区、黄河流域棉区、北部特早熟棉区和西北内陆棉区。通常将前2个称为南方棉区，后3个称为北方棉区。我国棉田面积主要集中在黄河流域、长江流域和西北内陆3个棉区。

第二节 棉花栽培的生物学基础

一、棉花的生育特性

(一) 无限生长习性,株型具有可塑性

棉花的无限生长习性是指棉花生长发育过程中,只要环境条件适宜,植株就可以不断进行纵向和横向生长,生长期也就不断延长。棉花株型有很大的可塑性,棉株的大小、群体的长势、长相等,都受环境条件和栽培措施的影响而发生变化。

(二) 适应性广,再生力强,结铃具有自动调节能力

棉花根系发达,吸收肥水能力强,对旱涝和土壤盐分有很强的忍耐力,因而,棉花具有广泛的适应性。研究表明,在10~30cm土层含水量下降8%~12%时,棉花仍能存活;在淹水3~4天后,如能及时排水,仍能恢复生长;土壤含盐量在0.3%以下,棉花能出苗,并正常生长发育。此外,棉花对土壤酸碱度的适应范围也较广,在pH 5.2~8.5的土壤中都能正常生长。棉株结铃也具有很强的时空调节补偿能力,前、中期脱落多结铃少时,后期结铃就会增多;内围脱落多结铃少的棉株,外围结铃就会增多。反之亦然。

(三) 喜温好光性

棉花是喜温作物,其生长起点温度在10℃以上,最适温度为25~30℃,高于40℃组织受损伤。在适宜的温度范围内,其生育进程随温度的升高而加快。同时,完成其生长期还需要一定的积温。从播种到吐絮需≥10℃的活动积温,早熟陆地棉品种为2900~3100℃,中早熟陆地棉品种为3200~3400℃。棉花是喜光作物,棉花单叶的光补偿点为1000~1200 lx,光饱和点为7万~8万lx。棉花产量潜力及纤维品质优劣与当地的太阳辐射强度、全年日照时数及日照百分率密切相关。

(四) 营养生长与生殖生长并进时间长

棉花从2~3真叶期开始花芽分化到停止生长,都是营养生长与生殖生长并进阶段,约占整个生育期的4/5。棉株在长根、茎、叶的同时,不断分化花原基、现蕾、开花、结铃。因此,棉花营养生长与生殖生长的矛盾不易协调,生产上徒长和早衰现象较为普遍。

二、棉花的生长发育

(一) 棉籽及其萌发和出苗

1. 棉籽形态和结构

棉籽由种皮和种胚构成。种皮可分为内种皮和外种皮,分别由内外珠被发育而成。种胚由受精卵发育形成,其外表有一层乳白色的薄膜,为胚乳痕迹。种胚由子叶、胚根、胚芽和胚轴组成,两片子叶紧贴一起迂回折叠,包住胚的其他部分(图3-1)。种子的钝端为合点端,合点部位没有形成栅状细胞。种子尖端为珠孔端,棉籽萌发时胚根从珠孔伸出。

轧去纤维后棉籽表面覆盖着短绒的种子称为毛子，没有短绒的叫光子。成熟种子去掉短绒，可见到种皮为棕黑色，表皮有脉纹，种子侧面有一道缝线，叫种脊，连贯于子柄与合点之间。在干燥状态下贮藏的棉籽，其生活力可保持 3～4 年，生产上使用只限 1～2 年，留种棉籽，要求含水量在 12% 以下。

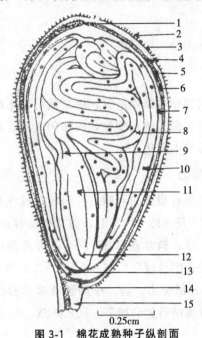

图 3-1　棉花成熟种子纵剖面

1. 合点　2. 短绒　3. 外色素层　4. 无色素
5. 栅栏层　6. 内色素层　7. 流苏细胞及膜层
8. 子叶　9. 胚芽　10. 腺体　11. 胚轴　12. 胚根
13. 维管束　14. 珠孔　15. 株柄遗迹

2. 棉籽的萌发和出苗

健全的棉籽在适宜条件下吸水膨胀，贮藏物质分解，供胚细胞分化生长利用。当胚根伸长，从胚珠珠孔伸出时，称为萌动（露白）；当胚根长达种子长度一半时称为发芽。棉籽发芽后，胚根向下生长形成主根，胚轴伸长把子叶和胚芽推出地面。子叶脱壳出土并展开称为出苗（图 3-2）。由于幼苗出土过程中胚轴弯曲，且子叶肥大，顶土出苗能力弱，因此，对播种前的整地质量要求较高。

3. 萌发出苗所需的条件

（1）水分。棉籽吸收相当于种子风干重 60% 以上的水分才能萌发。棉籽表面各个部位都能吸水，但合点和珠孔是最初吸水的主要通道。适于棉籽萌发出苗的土壤水分为田间持水量的 70%～80%。

（2）温度。棉籽萌发的最低温度 10.5～12℃，最适 20～30℃，最高温度 40℃。棉花出苗所需最低温度比萌发要高。据研究，10.5℃ 以上胚根开始活动，12～14℃ 胚根维管束分化，16～18℃ 时胚轴伸长，并形成导管。所以棉籽出苗需 16℃ 以上的温度。

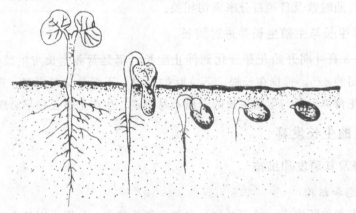

图 3-2　种子发芽及幼苗生长顺序示意图

（3）氧气。棉籽含有较多的脂肪和蛋白质，它们是种子萌发出苗时的主要呼吸底物。这类物质氧化分解和利用时需消耗较多的氧气，呼吸商低于 1。在氧气供应不足时，呼吸作用减弱，能量供应减少，影响萌发。严重不足时，棉籽只能进行无氧呼吸，产生酒精，抑制萌发，甚至毒害种胚，导致烂种缺苗。

（二）根系的建成

棉花根系属直根系，在土壤中呈网状倒圆锥形，由主根、侧根、支根（小根）、毛根（小支根）和根毛组成。主根入土深度可达 2m 以下，侧根横向扩展可达 0.6～1m，根系网络主次分明。根据棉花各生育阶段根系生长速度和活动机能变化特点，可将根系的建成划分为 4 个阶段。

1. 根系发展期从种子萌发到现蕾为根系发展期

棉籽萌发后，胚根迅速伸入土内，发育成主根。此期棉苗以根系生长为中心，主根下扎速度明显快于地上部株高的增长。棉株现蕾时，主根入土深度近 80cm，上部侧根长度达 40cm，水平伸展约 35cm，主要侧根位于地表以下 9～27cm 深的耕作层中，株间根系已经交叉，行间根系开始相接，而此时苗高仅 15～20cm。

2. 根系生长盛期

现蕾至开花是棉花主根和侧根生长盛期。该期主根每天可伸长 2.5cm，开花前可深达 100～170cm，侧根横向扩展约 50cm，但大量根系仍分布于 10～40cm 土层内。

3. 根系吸收高峰期

开花后棉花根系进入吸收高峰期。该期主、侧根生长开始减慢，到后期生长基本停止，主要根系虽已入土深达 40～80cm，但大量活动根系仍分布于 10～40cm 土层内，横向扩展可达 40～70cm。次级小侧根和根毛大量滋生，根系网已基本建成，棉株地上部生长旺盛，从而形成根系吸收矿质养分和水分的高峰期。

4. 根系活动机能衰退期

棉花进入吐絮期，耕作层的活动根数量大为减少，吸收矿物质的能力明显下降，为根系活动机能衰退期。此期，若棉株中、下部结铃较少，根系得到较多的有机营养，吸收功能不能正常减退，则会导致地上部贪青晚熟。相反，若棉株中、下部坐桃较多，中后期管理不善，根系活动机能衰退过快，则会引起早衰。

（三）茎、枝的形成与生长

1. 主茎顶芽与腋芽的分化

棉花主茎由种子胚芽发育而来。胚芽分生组织经过增殖、分化和生长逐渐形成主茎，并在主茎节上产生叶和腋芽，再由腋芽发育形成叶枝和果枝。关于叶枝和果枝的形态和区别参阅图 3-3 及表 3-2。

表 3-2　棉花果枝与叶枝的区别

区别项目	果枝	叶枝
分枝方式	合轴分枝	单轴分枝
开花结铃	直接开花结铃	间接开花结铃

续表

区别项目	果枝	叶枝
叶的着生	叶与花对生	叶片互生
与主茎所成角度	较大	较小
在植株上的部位	中、上部	下部几节

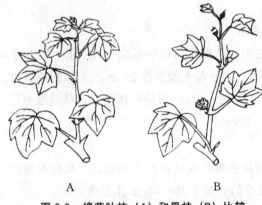

A   B

图 3-3　棉花叶枝（A）和果枝（B）比较

棉花所有叶的叶腋里都有一个芽，称为腋芽。主茎真叶叶腋里的腋芽称为一级腋芽，一级腋芽分化出的叶腋里的腋芽称为二级腋芽。主茎一级腋芽通常子叶节和基部1～3节潜伏不发育，受特殊刺激（如主茎顶芽被为害时），可发育成叶枝，其上3～5节发育形成叶枝，而在中、上部各节大多发育成果枝；二级腋芽在下部各节多半潜伏，在中、上部各节一般易长成赘芽，但在生态、营养条件优越情况下，也可发育为亚果（无果节，铃柄直接着生于叶腋当中）或亚果枝（具有2个以上果节的次级果枝）。

2. 主茎与分枝的生长

棉花主茎苗期生长慢，蕾期生长较快，盛蕾期明显加快，初花期达生长高峰期，盛花后逐渐减慢，吐絮后生长渐趋停止。棉花主茎的生长速度是衡量棉花生育的简单易测指标。在棉花田间诊断中，主茎生长速度一般以株高日增长量表示。黄河流域棉区高产棉田各生育，阶段的适宜株高日增长量指标是：苗期0.3～0.5cm；蕾期1～1.5cm；初花期2～2.5cm，超过3cm则为徒长，不足2cm为生长不良；盛花期保持在1～1.5cm；打顶前降至0.5～1cm。

棉花主茎的生长实际上是主茎上部新生节间的伸长，同时伸长的节间有4～5个，并处于有规则的不同生长阶段，主茎顶端1、2、3、4、5节间分别处于始伸、伸长、迅速伸长、缓慢伸长和基本固定等5个生长状态。

叶枝的生长同主茎相似，为顶芽单轴式生长。因叶枝多着生于植株下部，发生较早，若肥水充足，叶枝的日增长量也可能超过主茎。

果枝为合轴分枝，每5～7天增加一个果节，每个果节从开始伸长到停止大多经历18～24天。下部果枝的节间较上部果枝的节间伸长期短。同一果枝常有3～4个果节同时伸长，一般果枝的第一节间最长，其余节间依次缩短。

（四）叶的生长和生理功能

1. 叶的形态

棉叶有子叶、先出叶和真叶三种。子叶肾形，是棉苗长出三片真叶前棉株的主要光合器官和棉籽萌发出苗所需养分的主要来源。先出叶亦称前叶，是所有腋芽分化的第一片叶，为不完全叶，叶小，多为披针形或长椭圆形，枝条生出不久即自行脱落。真叶为完全叶，主茎第一真叶全缘，面积小，出生慢，第二真叶略现缺刻，第三真叶以后具有明显的掌状裂片。

2. 叶的出生与生长

棉花出叶具有一定的间隔期。间隔期长短主要受温度制约，同时亦受肥水和内部营养状况的影响。在北方棉区大田生产条件下，由于棉株一生中营养物质供应和养分分配中心的转移以及气温变化，棉花主茎出叶间隔期在一生中表现明显的周期性变化规律，出苗（子叶展开）到主茎第一真叶展开需两个间隔期，春棉需 10～15 天、夏棉 5～7 天；三片真叶后间隔期明显缩短，现蕾到结铃期间，间隔期 2～4 天，平均 3 天，结铃以后间隔期又明显变长。叶枝上叶的出生速度与主茎叶类似，果枝上真叶的出生一般为主茎叶间隔期的 2 倍以上。子叶在展平后 3～6 天为叶面积迅速扩展期，功能期约持续 30 天，存活 50～60 天。先出叶生长与腋芽的发育有关，存活时间仅 10～30 天。

棉花真叶展平后 4～7 天达到叶面积扩展高峰期；15 天达到最大面积的 80% 以上，基本定型；30 天后停止生长。真叶展平后第 20～42 天为叶片光合的高效期，光合产物大量输出，以后光合能力逐渐下降，展平后第 70～90 天凋落。

棉花单株叶面积由子叶面积、主茎叶面积和果枝叶面积构成。幼苗期，子叶面积占较大比重。随着主茎叶龄的增长，转为以主茎叶为叶面积的主体；开花后，果枝叶面积开始超过主茎叶。主茎叶的叶面积以现蕾至初花增长最快，盛花期达叶面积高峰期；果枝叶的叶面积则以盛蕾至盛铃期增长最快，初絮期达到高峰。

（五）现蕾与开花受精

1. 花芽分化与现蕾

棉花主茎叶的腋芽分化比叶原基分化迟两个节位。中熟陆地棉品种的果枝始节一般为主茎第 6～8 节。根据展叶数与叶原基的同伸关系，棉苗在 2～3 真叶期开始分化形成果枝芽。花芽分化，按花器官的结构，由外向内的顺序向心分化，可分为 6 个时期（图3-4）。

（1）花原基伸长期。当果枝芽的叶原基分化裂片时，分生组织开始伸长似圆柱状。

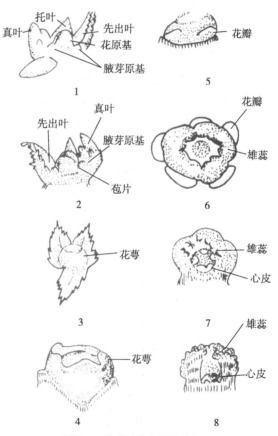

图 3-4 棉花的花芽分化过程
1. 花原基伸长期 2. 苞叶原基分化期 3. 花萼原基分化期
4～5. 花瓣分化期 6. 雄蕊分化期
7～8. 雌蕊分化期（顶视及侧视）

（2）苞叶原基分化期。花原基伸长后不久，先后分化出3个苞片原基。

（3）花萼原基分化期。将苞片剖开，在球体四周出现环状突起，为花萼原基。

（4）花瓣分化期。在中央凹陷的下部显露出5个突起，为花瓣原基。

（5）雄蕊分化期。在花原基顶端，分化出5枚裂片，各裂片内侧，成对着生小突起。

（6）雌蕊分化期（心皮分化期）。在花原基中央分化出3~5枚心皮原基，此时幼蕾大小已近3mm。整个分化过程需15~20天。

2. 蕾的发育

棉花现蕾后，花芽原基进一步分化生长，花丝伸长，雌蕊中胚珠突起，药隔和胚珠形成，雄蕊在开花前7~10天形成花粉母细胞，经减数分裂形成四分体，分离后的单细胞形成花粉粒。

3. 现蕾、开花规律

棉株现蕾后，由下而上，由内向外相继出现花蕾。相邻两个果枝同一节位的花蕾称为同位蕾，其间隔期称为纵向间隔，间隔2~4天。同一果枝相邻果节的花蕾称邻位蕾，其间隔期称横向间隔，间隔5~7天。同位花与邻位花的开花间隔期与现蕾间隔期相仿。

习惯上常把现蕾、开花期相近的果节组成一组，按其在植株上的分布特征称圆锥体。第1~3果枝的第一果节划为第1圆锥体，第4~6果枝的第一果节和1~3果枝的第二果节划为第2圆锥体；依次类推，形成第3、第4……第n圆锥体。以3为基数，各圆锥体相应包括3，6，9，…，$3n$个果节（图3-5）。同一圆锥体因其现蕾、开花期相近，所处气候条件基本相同，因而所结棉铃的经济性状相近。

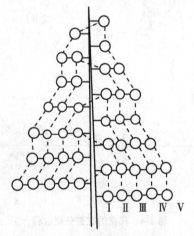

图3-5　棉花现蕾圆锥体模式

Ⅰ~Ⅴ为圆锥体序号

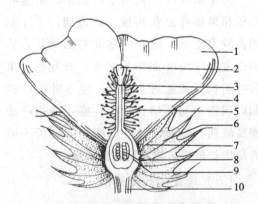

图3-6　棉花花器官的纵剖面

1.花冠　2.柱头　3.花柱　4.雄蕊管　5.雄蕊
6.苞片　7.萼片　8.胚珠　9.子房　10.花柄

（引自《中国棉花栽培学》，1985）

4. 开花、授粉与受精

棉花的花是两性完全花，除花梗外，每朵花还包括苞片、花萼、花冠、雄蕊和雌蕊（图3-6）。

棉株现蕾后，经过 25～30 天，花器官各部分发育成熟，即开花。通常开花前一天的下午，花冠急剧生长，露出苞叶顶部，翌日上午 7—9 时开放。温度高时开花稍早，温度低时则稍迟。花冠在开花当日下午由乳白色变成浅红色，第二天变成红色凋萎状，第三天花瓣凋萎与雄蕊管、花柱、柱头一起脱落。花冠变色，主要由花瓣细胞液中花青素的形成和积累所致，温度低时不易变色或时间推迟。

开花时，花冠张开，花药开裂并散出花粉，开始授粉。柱头授粉后，花粉在 1h 内生出花粉管。花粉管伸长到达子房约需 8h。整个受精过程在开花后 24～48h 完成。棉花的花粉粒散出后，24h 内萌发力较强，其后逐渐降低，柱头的生活力可维持 2 天。但温度过高（>35℃）或过低（<20℃），空气湿度过小或过大，都会影响花粉在柱头上萌发和受精。开花盛期遇高温高湿或高温干燥天气，也会影响授粉和受精而造成大量蕾铃脱落。

（六）棉铃和棉子的发育

1. 棉铃的发育

棉铃由受精后的子房发育而成，俗称棉桃，属蒴果。棉铃自开花至吐絮所需时间称为铃期。陆地棉品种的铃期一般为 50～60 天。根据棉铃的生长发育特点，将棉铃发育过程划分为以下 3 个阶段。

（1）体积增大期。此期持续 20～30 天。开花后 8～10 天，棉铃直径达 2cm 以上的棉铃称为成铃，在此之前称为幼铃。陆地棉在子房受精后的 20 天内体积增长最快，20 天以后体积增长速度减慢，到 30 天左右体积基本达到最大。该期棉铃中积累了大量的蛋白质、可溶性糖等营养物质，但水分含量很高，一般在 80% 左右，呈肉质状，铃壳鲜绿，故称之为青铃。由于棉铃幼嫩多汁，故易招致虫害。

（2）棉铃充实期。这一时期持续 25～35 天，占铃期的 50%。棉铃外形长成后，转入内部充实阶段，此时棉子体积、纤维长度不再增长，而棉子和纤维的干物质积累急剧增加。同时，铃壳内的贮藏物质向种子和纤维转运。随棉铃充实，含水量降低到 65%～70%，铃壳变硬，称硬桃或老桃，铃色由鲜绿变为黄绿，裂铃前变黄褐色。充实期结束后，棉子干重、含油率、纤维细胞壁厚度已不再增加。

（3）脱水成熟期。棉铃发育经 50～60 天，开始成熟。成熟期从铃壳出现裂缝（称线裂）开始到铃壳翻转吐出棉絮为止，经历 5～7 天，遇低温时需 10 天以上，甚至不能完全开裂而形成僵瓣。吐絮时含水量陡降至 15% 左右。

2. 棉籽的发育

棉籽由受精的胚珠发育而成，为无胚乳种子。胚珠受精后，其内外珠被发育成棉子壳，胚囊内的受精卵发育成具有折叠子叶的胚，即棉仁。

棉籽发育过程与棉铃发育相对应，胚珠受精后开始膨大，开花后 20～30 天体积达最大，此时胚乳细胞充满胚囊。受精卵在开花后的 4～5 天开始分裂，经 15～20 天，子叶、胚芽、胚轴和胚根已清晰可见，这时的棉籽已具有发芽能力。以后幼胚逐渐长大，并迅速增加干重，直到成熟，同期胚乳中营养物质逐渐被胚吸收利用，变为薄膜包在胚外，而胚发育充满种壳内部。

（七）棉纤维的发育

1. 棉纤维的形态结构

棉纤维是棉子种皮的胚珠外珠被表皮细胞形成的单细胞。纤维发育过程中，细胞处于停止分裂的状态，形成单细胞性质的成熟棉纤维，从而在结构、细度和强度等方面有着良好的一致性，具有理想的纺纱、染色性能。一根成熟的棉纤维，从外形上看，大体可分为基部、中部和尖部（图 3-7）。成熟纤维的横断面，多是椭圆形或圆形，由许多同心圆组成，可分为初生壁、次生壁和中腔 3 部分（图 3-8）。初生壁为纤维细胞的原生细胞壁，由果胶和纤维素组成。外部是蜡质、果胶质、脂肪和树脂组成很薄的角质层。次生壁为棉纤维的主体部分，几乎全由纤维素组成，呈轮纹状层次，称为纤维日轮。次生壁的厚度与纤维强度相关。成熟纤维的次生壁厚，中腔小，纤维强度大。纤维最里层为中腔，是细胞壁停止增厚时留下的腔室。

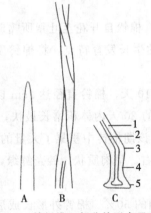

图 3-7　棉纤维三部分的形态示意图

A. 尖头　B. 中部　C. 基部

1. 纤维壁　2. 腔室　3. 膝　4. 胫　5. 脚

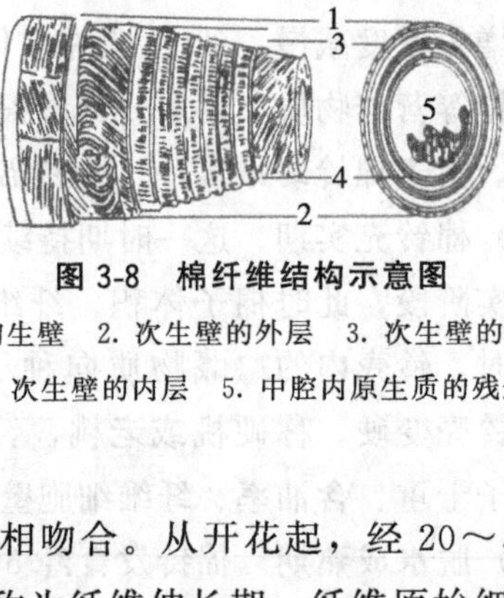

图 3-8　棉纤维结构示意图

1. 初生壁　2. 次生壁的外层　3. 次生壁的中层
4. 次生壁的内层　5. 中腔内原生质的残迹

2. 棉纤维的发育

（1）纤维伸长期。此期大致与棉铃的体积增大期相吻合。从开花起，经 20～30 天纤维伸长接近最大长度。因该阶段以纤维伸长为主，故称为纤维伸长期。纤维原始细胞在开花前即向外突起，花后第 2 天伸长呈棒状，第 3 天先端变尖。一般开花后约 3 天内隆起伸长的细胞，可形成长纤维；开花后第 4～10 天隆起的细胞，往往最后只能伸长形成短纤维或短绒。纤维伸长速度在开花后 5～20 天最快，以后伸长速度逐渐变慢。这一时期是决定纤维长度的关键时期。如遇到干旱，会使纤维长度伸长不足。

（2）纤维加厚期。这个时期细胞壁加厚最快，历时 25～35 天。开花 5～10 天后，在初生壁内一层一层向心淀积纤维素，使细胞壁一天天加厚，中腔逐渐变小。据研究，胞壁加厚和纤维增重在开花后 20～40 天为最快，此期淀积的纤维素约占总淀积量的 70%。纤维素积累形成结晶态纤维，每天向心淀积一层，在温度较高时纤维素淀积较致密，气温低时纤维素淀积疏松多孔。因此，由于昼夜温差，在纤维的横截面上呈现明显的层次，称为日轮，陆地棉纤维多为 20～30 轮。纤维素的淀积受温度和光照影响很大，20～30℃时，光照充足，随温度升高加快；20℃以下，淀积受到影响；15℃以下淀积停止。

（3）纤维捻曲期（脱水成熟期）。此期大致相当于从裂铃到充分吐絮，历时 5 天左右。即随棉铃开裂，纤维失水，中腔内残留的原生质逐渐干涸，使棉纤维收缩成扁管状。由于小纤维束成螺旋状排列，而螺旋方向忽左忽右的变化，在纤维变干时产生内应力，使纤维形成捻曲。一般成熟良好的纤维，纤维次生壁较厚，中腔较小，捻曲也较多；成熟差的纤维，中腔较大，纤维次生壁较薄，纤维捻曲也较少；极不成熟的纤维，细胞壁很薄，几乎无捻曲；过成熟纤维，由于中腔过小，捻曲也少。捻曲多的纤维，在纺纱时纤维间的抱合力大，纺纱强度大。在此期遇雨不利于形成捻曲，易造成僵瓣，影响纤维品质。在秋季雨水较多的地区或年份，可把即将吐絮的棉铃摘下，采取人工辅助方式（如乙烯利蘸浸等）促进棉铃开裂、脱水。

三、棉花的生育时期与生育特点

棉花从播种到收花结束，叫大田生长期。时间长短视霜期而定，一般 200 天左右。从出苗到开始吐絮所经历的时间，叫生育期，一般中熟陆地棉品种为 126～135 天，早熟陆地棉品种为 105～115 天。棉花整个生育期中，要经历 4 个主要生育时期：①出苗期。棉苗出土后，两子叶平展为出苗，全田出苗 50% 的时期为出苗期。②现蕾期。棉株第一果枝出现直径 3mm 大小的幼蕾为现蕾，全田 50% 棉株现蕾时为现蕾期。③开花期。棉株第一朵花花冠开放为开花，全田 50% 棉株开第一朵花为开花期。④吐絮期。棉株第一个棉铃的铃壳正常开裂见絮为吐絮，全田 50% 的棉株吐絮为吐絮期。此外，棉花生育过程中还细分为盛蕾期和盛花期，一般以全田 50% 棉株第四果枝第一蕾出现及第四果枝第一朵花开放为准。

根据棉花生长发育过程中不同器官的形成及其生育特点，把棉花的一生划分为以下 5 个生育阶段。

（一）播种出苗期

播种出苗期指从播种到出苗所经历的时间。北方棉区春棉一般 4 月中、下旬播种，4 月底至 5 月初出苗，需经历 10～15 天；夏播棉 5 月中、下旬播种，5～7 天后出苗。该阶段的主要特点是棉籽萌发出苗的生物学变化过程。主要限制因素为土壤的温、水、气状况。

（二）苗期

棉花从出苗到现蕾所经历的时间为苗期。直播春棉自 4 月底、5 月初至 6 月上、中旬，历时 40～45 天；夏棉一般 5 月底全苗，经历 25～28 天现蕾。

棉花苗期是以长根、茎、叶为主的营养生长阶段。并在 2～3 片真叶期开始花芽分化，进入孕蕾期。根系是棉花苗期的生长中心，现蕾时主根下扎达 70～80cm 土层，上部侧根横向扩展达 40cm 左右，是根系建成的重要时期。

影响棉苗生长的外在因素：①温度。北方春棉棉花苗期气温偏低，并有寒流侵袭。幼苗抗逆性差，低温导致病苗、死苗和弱苗晚发。②光照。如遇连阴多雨天气，间、定苗不及时或受间作套种作物的遮阳影响，均易因光照不良形成高脚弱苗，推迟现蕾。③肥料。该阶段棉株需肥量少，但对肥料反应十分敏感。缺氮抑制营养生长，影响花芽分化，延迟现蕾；缺磷抑制根系生长发育；缺钾光合作用减弱，容易感病。肥料过多，特别是氮肥过多，容易引起地上部旺长，花芽分化延迟。④水分。棉花苗期需水量少，土壤含水量以保持田间持水量的55%～65%为宜。这一时期土壤水分略少一些，有利于扎根，促进壮苗早发。

棉花壮苗长相：棉株敦实，茎粗节密，根系发达，叶片叶色油绿、大小适中。

苗期田间管理主攻方向：克服不良环境条件的影响，抓好全苗，培育壮苗，促早发。

（三）蕾期

棉花从现蕾到开花称为蕾期。春棉一般在6月上、中旬现蕾，7月上、中旬开花；夏棉6月中、下旬现蕾，7月20日前后开花，历时25～30天。

棉花现蕾后进入营养生长与生殖生长并进时期。棉株既长根、茎、叶、枝，又进行花芽分化和棉蕾生长发育。但仍以营养生长占优势，以扩大营养体为主。蕾期棉株根系迅速扩展，吸收能力提高；叶面积增长加快，光合生产力提高；干物质积累迅速增加，占一生总积累量13%～16%。此时，若氮肥供应过多，会使营养生长过旺，导致开花后中、下部蕾铃大量脱落。若肥水供应不足，棉株生长缓慢，影响营养体的扩大和光合产物的积累，搭不起丰产架子，且易早衰。

高产棉田蕾期棉株长相：株型紧凑，茎秆粗壮，果枝平伸，叶片大小适中，蕾多蕾大。若株型松散，叶大蕾小，是旺苗；株型矮小，秆细株瘦，叶小蕾少是弱苗。

蕾期棉田管理主攻方向：以肥、水管理为中心，协调营养生长与生殖生长的矛盾，实现壮株稳长。

（四）花铃期

从开花到吐絮称为花铃期。一般从7月上、中旬至8月底、9月上旬，历时50～60天。花铃期又可分为初花期和盛花期。初花期约经历15天。

初花期是棉花一生中营养生长最快的时期。株高、果节数、叶面积的日增长量均处于高峰；根系生长速率已减慢，但其吸收能力最强；生殖生长明显加快，主要表现为大量现蕾，开花数渐增，脱落率一般较低。全株仍以营养生长为主，生殖器官干重只约占总干重的12%。进入盛花期后，株高、果节数、叶面积的日增量明显变慢，生殖生长开始占优势，运向生殖器官的营养物质日渐增多。此时生殖生长主要表现为大量开花结铃。叶面积指数、干物质积累量均达到高峰期。此期是营养生长与生殖生长，个体与群体矛盾集中的时期，亦是蕾铃脱落的高峰期。因而，该阶段是减少蕾铃脱落，增结优质桃的关键时期。

高产棉田花铃期棉株长相：株型紧凑，果枝健壮，节间短，叶色正常，花蕾肥大，脱落少，带桃封行。若株型高大松散，果枝斜向上生长、叶片肥大、花蕾瘦小、脱落，多属旺长；相反，棉株瘦小、果枝短、叶小蕾少属长势不足。

花铃期棉田管理主攻方向：以肥水为中心，辅之以整枝、化调，调节好棉株生长发育与外界环境条件的关系，协调个体与群体、营养生长与生殖生长的关系，实现减少脱落、多结棉铃、防止早衰的目的。

(五）吐絮期

从吐絮到收花结束称为吐絮期。春棉一般从 8 月底、9 月上旬至 11 月上旬，历时 60～70 天；夏棉一般 9 月中旬吐絮，10 月 20 日前后拔柴，历时 30～40 天。

进入吐絮期，棉株营养生长逐渐停止。随时间的推移，棉铃由下向上、由内向外逐步充实、成熟、吐絮，根系的吸收能力渐趋衰退，棉株体内有机营养近 90% 供棉铃发育，是铃重增加的关键时期。

正常生育棉株长相：初絮期长相应是"红花绿叶托白絮"，随后叶色开始退淡，逐渐落黄；顶部果枝平伸，有 3～4 个果节，成铃率高；叶面积指数由初絮期的 2.5～3.0，到 9 月 20 日左右维持在 1.5～1.7。此期若顶部果枝向上伸展过长，赘芽丛生，叶片不落黄，则为贪青晚熟，不利于有机营养向棉铃输送。若上部果枝伸展不开，短而细，蕾铃大量脱落，叶片褪色过早、过快，或叶片过早干枯脱落，是棉株早衰的表现，甚至会出现二次生长，严重影响棉铃发育。

吐絮期棉田管理主攻方向：力争棉铃充分成熟，提高铃重，改善品质。因此要保根、保叶。维持根系的吸收能力，延长叶片功能期，以提供棉铃增大和充实所需的有机营养，实现早熟、不早衰。同时，控制肥水的应用，防止棉株贪青晚熟。

四、棉花的蕾铃脱落

棉花的蕾铃脱落是生产中存在的普遍现象。我国大部分棉区大田生产条件下，棉花的蕾铃脱落率为 60%～70%，高者达 80% 以上。新疆棉区由于光照充足，雨水稀少，昼夜温差大等特有的生态条件，有利于开花结铃和棉铃发育，成铃率较高，但脱落率仍在 40%～50%。因此，了解棉花蕾铃脱落的规律和造成脱落的原因，探讨减少蕾铃脱落，提高成铃率的途径，对提高棉花单产具有重要意义。

第三节 棉花的产量结构

一、棉花的产量构成因素

棉花的产量一般以皮棉数量来表示。皮棉产量通常由单位面积的总铃数、平均铃重和衣分三部分组成。当三个因素都大时，产量最高。三因素中除衣分主要受遗传特性支配外，其他两者受外界环境影响，变化较大。

1. 单位面积的总铃数

单位面积总铃数是株数和单株成铃数的乘积。单位面积的株数越多，则单株成铃数就较少，所以争取最高总铃数必须使两者协调。单位面积的总铃数通常表现为棉花产量的主导因素，它们的变化幅度很大。高产田通常每亩总铃数达 8 万～9 万个，低产田通常每亩为 2 万～3 万个。影响总铃数的因素有种植密度、土壤肥力等。

2. 平均铃重

铃重常以单个棉铃中籽棉的质量（g），100 个棉铃的籽棉重量（百铃重）或 0.5kg 籽棉的棉铃数来表示。在单位面积总铃数相同的情况下，铃重是决定籽棉产量的主要因素。陆地棉的单铃重一般为 4～6g，大铃品种为 7～9g，小铃品种为 3～4g。铃重除受品种遗传特性的影响外，同一品种同一棉株的不同部位，不同成熟期的铃重均不同。早衰或霜后棉铃或迟熟棉铃都较轻。影响铃重的因素有温度、有机养料、肥水条件、病虫害等。

3. 衣分

衣分是指皮棉占籽棉重量的百分比。衣分基本受品种遗传特性的影响。个别高衣分品种可达 45%，低的只有 30% 左右。

有了上面 3 个数据，就可以粗略地预估某地区棉花产量。假如某县棉花种植面积是 10 万 hm²，单位面积的总铃数为 120 万个/hm²，铃重为 4.5g，衣分为 40%。则产量为 100000×1200000×4.5×40%/1000/1000＝216000（t）。当然单位面积的总铃数、铃重、衣分这 3 个指标需要实际去调查统计得来。

二、丰产优质棉花的产量结构

1. 棉花"三桃"的划分及其作用

棉铃因其形成早晚不同，分为伏前桃、伏桃和秋桃，即生产上所谓的"三桃"。7 月 15 日以前的成铃为伏前桃；7 月 16 日—8 月 15 日的成铃为伏桃；8 月 16 日—9 月 10 日的成铃为秋桃。有的把秋桃又分为早秋桃（8 月 16 日至 8 月 31 日所结成铃）和晚秋桃（9 月 1 日至 9 月 10 日所结成铃），则称为"四桃"。

伏前桃为早期铃，它的多少可作为棉株早发稳长的标准，但由于它着生在棉株下部，光照条件差，故烂铃率较高。伏前桃比例不宜过大，约占总铃数的 10%。若伏前桃过多，不仅烂铃增加，而且对营养生长早期抑制过量，不利于多结伏桃。

伏桃是构成产量的主体。由于温、光条件适宜，体内有机养分多，故表现为单铃重高、品质好。高产棉田伏桃一般要占总铃数的 60% 左右，产量占总产量的 60%～70%，所以多结伏桃是夺取高产优质的关键。

早秋桃仅次于伏桃，也是构成棉花高产优质的重要组成部分。由于气温较高，昼夜温差大，光照充足，所以只要肥水跟上，早秋桃的铃重较大，品种较好。一般高产棉田，早秋桃应占 20% 左右。两熟棉田和夏棉早秋桃更是形成产量的主体桃。

晚秋桃着生在棉株上部和果枝的外围果节上，是在气温逐渐下降，棉株长势逐渐衰退的条件下形成的棉铃。所以，铃重轻，品质差。但晚秋桃的多少可反映棉株生育后期的长势。若晚秋桃过多，表明棉株贪青晚熟；比例过低，则表明棉株早衰。一般高产棉田，晚秋桃以 10% 左右为宜。

2. 优质棉铃的空间分布

棉花成铃的空间分布与产量品质有密切的关系。就空间的纵向分布看，一般以中部（5～10 果枝）的成铃率较高，铃大、品质好，下部（1～4 果枝）次之，上部（11 果枝以上）较低。但如管理不善,营养生长过旺,棉田过早封行,中、下部蕾铃脱落严重。这时由于棉花结铃的自动调节功能,上部成铃率也会提高。如棉田中后期脱肥脱水,出现早衰,则上部蕾铃大量脱落,即使成铃,其铃重也较轻、品种差。就空间的横向分布看,靠近主茎的内围1~2果节,特别是第一果节成铃率高,而且铃大,品种好,越远离主茎的外围果节成铃率越低,铃重越轻。栽培上适当密植所以能增产的原因,主要就是增加了内围铃的比重。而内围铃之所以优于外围铃:①内围铃多是伏桃和早秋桃,成铃时间正好与气候条件最有利于棉铃发育的时间段同步;②内围铃靠近主茎,得到的有机养料和无机养料比外围铃多。

第四节 棉花的栽培技术

一、播种前的准备

(一) 土地准备

1. 土壤深耕

棉田深耕的增产效果十分显著。据试验,深耕 20~33cm 比浅耕 10~17cm 皮棉增产6.5%~18.3%。深耕结合增施有机肥料,能熟化土壤和提高土壤肥力,使耕作层疏松透气,促进根系发展,扩大对肥、水的吸收范围;改善土壤结构,增强保水、保肥能力和通透性;加速土壤盐分淋洗,改良盐碱地;减轻棉田杂草和病虫害。

秋、冬耕如能提早到前作收获后立即进行效果最佳。在黄河流域棉区,冬前未深耕的棉田可进行春耕,应在解冻后进行,并及时耙耕、保墒。新疆棉区春季风大,土壤水分蒸发强烈,要求入冬前翻耕完毕,避免春耕。深耕应结合增施有机肥,使土壤和肥料充分混合,以加速土壤熟化。在当前生产条件下,高产棉田的耕地深度以 30cm 左右为宜。

2. 整地

整地包括秋冬耕后整地和春季整地。在冬、春雨雪量较多或有灌溉条件的地区,秋、冬耕后可以不耙,以利晒垄挂雪过冬和接纳春雨;在冬、春雨雪稀少的地区,秋、冬耕后必须及时耙糖。在冬、春严重干旱的年份,或者棉田在入冬前未进行过冬灌,应于播种前进行灌溉,灌后要及时耙糖。

棉田整地须达到"墒、平、松、碎、净、齐"。"墒"即土壤有足够的表墒和底墒;"平"指地面平整无沟坎;"松"指土壤上松下实,无中层板结;"碎"指表土细碎,无大土块;"净"指表土无残茬、草根及残膜;"齐"指整地到头到边。其中"墒"是关键。

(二) 种子准备

1. 选用良种

在黄河流域中熟棉区,要选择前期生长势较强、中期发育较稳健、中上部成铃潜力大、株型较紧凑、铃重稳定、衣分高、中熟的优质高产品种;新疆棉区选择早熟的优质高产品种;在病田宜选用抗病(或耐病)的优质高产品种。夏套棉可选择高产、优质、抗病、株型紧凑的短季棉品种。

2. 精选种子，做好发芽试验，播前晒种

选留种子应在上年收花时摘取代表品种特性的棉株中部且靠近主茎、吐絮好、无病虫害的霜前花棉子做种。品种纯度应达到 95％以上，发芽率在 90％以上。晒种有促进棉子后熟、加速水和氧气的进入、提高发芽率和发芽势的作用。晒种一般在播种前半月左右进行，选晴天晒 3～5 天。

3. 种子处理

（1）硫酸脱绒。硫酸脱绒能消灭种子外的病菌，控制枯、黄、萎病的传播，并有利于种子精选，提高发芽率；脱绒后的光子，便于机械精量播种，节约用种和减少间、定苗用工；且光子吸水快，出苗早。

（2）药剂拌种。为了杀死种子上所带的病菌或播种后种子周围土壤中的病菌，进行药剂拌种十分重要。多菌灵能防治苗期多种病害。通常以多菌灵按有效成分 0.5％的用量拌种，但最有效的办法是进行种衣剂包衣。

（3）浸种。水浸种子时先将种子在 55～60℃的温水中浸泡 30min，然后将水温降至 25～30℃继续浸泡，或在室温下用凉水浸种，种子吸水以达种子本身风干重的 60％～70％、种皮发软、子叶分层为宜，以利于出苗快而整齐；浸种时间依浸种的水温而定。

二、种植密度

（一）合理密植增产的原因

1. 充分利用地力、提高光能利用

试验表明，在一定范围内，随密度增加，主茎变细、侧根减少，但主根入土深度有随密度加大而加深的趋势，且单位面积上的根量显著增加，吸收能力相应加强。当然，密度过大，根系发育受到抑制，单位面积上的根量下降，也不利于单产的提高（表 3-3）。因此，合理密植，利于充分利用地力，提高产量。

表 3-3　不同密度根系干物质质量的变化

棉区	密度 （万株/hm²）	单株质量 （g）	每公顷质量 （kg）	增长（％）	测试地点 及资料来源
黄河流域棉区	6.0	4.6	276.0	100.0	山西省临汾，山西省农业科学院棉花研究所，1993
	9.0	4.5	405.0	146.7	
	10.5	4.0	420.0	152.2	
	12.0	4.1	492.0	178.3	
	13.5	3.8	456.0	165.2	
西北内陆棉区	3.70	12.2	450	100.0	新疆维吾尔自治区石河子，石河子大学，2000
	4.94	9.3	461	102.4	
	7.50	5.6	419	93.1	
	15.0	3.9	584	129.8	
	30.0	1.4	406	90.2	

棉叶是进行光合作用的主要器官。群体叶面积过小，叶片制造光合产物的总量少，单位土地面积的生物产量低。但若叶面积过大，棉田荫蔽重，通风透光差，基部叶片光合能力降低，光合产物的积累少，造成蕾铃大量脱落。因而，只有合理密植，确保单位土地面积上的叶面积大小适宜和配制合理，才能充分利用光能，制造较多的光合产物，供给棉铃生长发育所需（表3-4）。

表3-4 不同密度不同生育期单株叶面积与叶面积指数的变化

棉区	密度（万株/hm²）	单株叶面积（cm²）			叶面积指数			测试地点及资料来源
		蕾期	花期	铃期	蕾期	花期	铃期	
长江流域棉区	3.75	604	4665	7343	0.215	1.659	2.754	湖北省武汉市，华中农业大学，1985
	5.25	599	3594	6398	0.315	1.939	3.659	
	6.75	588	3401	5760	0.397	2.296	3.888	
西北内陆棉区	12.00	408	1742	3100	0.490	2.090	3.720	新疆维吾尔自治区石河子，石河子大学，2000
	18.00	294	1439	2250	0.530	2.590	4.020	
	24.00	263	1088	1763	0.630	2.610	4.230	

2. 充分利用空间，增加总铃数

单位面积总铃数是单位面积株数和单株结铃数的乘积。单株结铃数受果节数的影响，只有单位面积上的果节数适宜，才能有效地利用空间，增加总铃数。不同密度试验表明，稀植棉田，单株果节数多；密植棉田，单株果节数少；但群体果节数有随密度增加而递增的趋势。棉花结铃多少还受蕾铃脱落状况的影响。密度提高，蕾铃脱落数量增加，但在合理密植条件下，因密度增加而递增的脱落数一般低于因株数增加而递增的总果节数。所以合理密植在充分利用空间的同时，可提高总铃数。

3. 改善棉铃空间分布，提高平均单铃重

棉花现蕾、开花、结铃的顺序是由下而上，由内而外进行。棉株内围圆锥体的结铃率高，单铃重高；外围圆锥体则相反。合理密植使单位面积株数增加，群体内围圆锥体上的结铃数也随之增加。同时，在我国绝大多数棉区，棉花生育后期温度下降快，无霜期较短是限制棉铃发育的主要因素。因此，在适于棉铃发育的7～8月，增加群体结铃数是提高棉花产量的关键。棉花单株结铃强度受纵横间隔期的限制，而合理密植可以提高群体的结铃强度，改善棉铃空间分布状况，增加最佳结铃期的结铃数量和比例，从而提高单株平均铃重，改善纤维品质，利于获得棉花高产优质。

（二）确定种植密度的原则

（1）气候条件：棉花生长季节平均气温高、无霜期较长的地区，棉株生长较快，植株高大，宜适当稀植；气候温凉、无霜期较短的地区，宜适当密植。

（2）土壤肥力：土壤肥力高的棉田，棉株生长旺盛，植株高大，叶片大，果枝多，容易造成棉田郁闭，加重中、下部蕾铃脱落；土壤肥力低的棉田，棉株生长较矮小，田间郁闭的可能性小。因而在同样的气候条件下，肥田应比瘦田密度小。

（3）品种特性：生育期长，植株高大，株型松散，果枝长，叶片大的品种密度宜低；

植株矮小，叶片小，株型紧凑，果枝短的早熟品种密度宜高。

（4）种植制度：粮棉或其他两熟制栽培的棉花，因受前茬作物的影响，一般播种期推迟，单株营养体较小，成熟期延迟，种植密度应较一熟棉田适当增加。

（三）不同生态条件下的适宜种植密度

我国棉花种植密度，一般是北方高于南方，西部高于东部。综合多单位试验结果，黄河流域棉区春棉高产田的适宜密度为 4.5 万～6.0 万株/hm^2，夏棉为 7.5 万～12.0 万株/hm^2；西北内陆棉区种植密度为 15.0 万～21.0 万株/hm^2。

（四）行株距的合理配置

目前，我国主要棉产区采用的行株距配置方式有等行距和宽窄行两种。一般中等肥力的棉田和间套作棉田多采用宽窄行，以有利于通风透光和中后期管理；高产棉田和不易发棵的丘陵旱薄地多采用等行距。黄河流域棉区，等行距种植，单产 1500kg/hm^2 皮棉左右的高产棉田行距多为 80～90cm；旱薄地为 50～60cm；宽窄行种植，一般宽行 80～100cm，窄行 40～60cm。西北内陆棉区，尤其是地膜棉，多采用宽窄行种植方式，宽行为 60cm，窄行 30～40cm，以大群体小个体的技术路线来取得棉花的高产。

三、播种与保苗技术

（一）播种期

适期播种，可使棉株生长稳健，现蕾开花提早，延长结铃时间，有利于早熟高产优质；播种过早，地温低，容易造成烂种缺苗；播种过晚，生育期推迟，导致晚熟减产，降低纤维品质。黄河流域春季气温上升比较稳定的地区，可在 5cm 地温稳定在 12～14℃时抓住"冷尾暖头"或根据"终霜前播种，终霜后出苗"的原则播种，适宜播期在 4 月中旬；春季气温不稳定地区，以终霜期过后，5cm 地温稳定在 14℃以上时播种为好，适宜播种期以 4 月 15—25 日为宜。新疆北疆棉区无霜期短，适期早播更显得重要。通常当日平均气温稳定在 14℃时即可播种，一般在 4 月 10—20 日；南疆棉区无霜期长，早春气温上升快，而且较稳定，以 4 月 5—15 日播种为宜。

（二）播种技术

在适期播种的前提下，提高播种质量是实现一播全苗的关键。播种技术总的质量要求是播行端直，行距一致，播深适宜，深浅一致，下子均匀，无漏播、重播，覆土匀细紧密，以达到苗"早、全、齐、匀、壮"的要求。

1. 播种量

播种量要根据播种方法、种子质量、留苗密度、土壤质地和气候等情况而定。播量过少难于保证应有的株数，影响产量；过多不但浪费棉种，而且会造成棉苗拥挤，易形成高脚苗，并会增加间苗用工等。一般条播要求每米播种行内有棉籽 30～50 粒，每公顷用精选种子 60～75kg；点播每穴 3～5 粒，每公顷用种 30～45kg。在种子发芽率低、土壤墒情差、土质黏或盐碱地、地下害虫严重时应酌情增加播种量。在环境适宜的条件下，采用精量播种，每公顷用种仅 15～30kg，既可提高播种效率，又节省大量棉种和间、定苗用工。

2. 播种方法

播种方式有条播和点播两种。条播易控制深度，出苗较整齐，易保证计划密度，田间管理方便，但株距不易一致，且用种量较多。点播节约用种，株距一致，幼苗顶土力强，间苗也方便，但对整地质量要求高，播种深度不易掌握，易因病、虫、旱、涝害而缺苗，难以保证密度。采用机械条播或精量点播机播种，能将开沟、下种、覆土、镇压等作业一次完成，保墒好、工效高、质量好，有利于一播全苗。

3. 播种深度

棉花子叶肥大，顶土能力差。播种过深，温度低，顶土困难，出苗慢，消耗养分多，幼苗瘦弱，甚至引起烂子、烂芽而缺苗；播种过浅，容易落干，造成缺苗断垄。播种深度要根据土质和墒情而定，一般掌握播种深度为 3～4cm。

（三）播后管理

为了实现一播全苗要求播后就管。若出苗前遇雨，土壤板结，应及时中耕松土破除板结，提高地温；对墒情差，种子有可能落干的棉田，应采取谨慎措施，在万不得已的情况下，可采取隔沟浇小水，切忌大水漫灌。出苗后发现缺苗断垄，要及时催芽补种。

一般苗期中耕 2～3 次，深 5～10cm。机械中耕要达到表土松碎，无大土块，不压苗不铲苗，起落一致，到头到边。齐苗后及时间苗，定苗从 1 真叶期开始至 3 真叶期结束，要求留足苗、留匀苗，确保种植密度。缺苗断垄处，可留双株。

四、棉花需肥规律与施肥技术

（一）棉花的需肥规律

1. 棉花养分吸收动态

据中国农业科学院棉花研究所研究表明（表 3-5），棉花苗期以根生长为中心，吸收氮、五氧化二磷、氧化钾的数量占一生吸收总数量的 5％ 以下。此期虽然吸收比例小，但棉株体内含氮、磷、钾百分率较高。蕾期植株生长加快，进入营养生长与生殖生长并进阶段，根系迅速扩大，吸肥能力显著增加，吸收的氮、五氧化二磷、氧化钾占总量的 25.29％～31.61％。花铃期是形成产量的关键时期，棉株在盛花期营养生长达到高峰后转入以生殖生长为主，吸收的氮、五氧化二磷、氧化钾量分别占一生总量的 59.77％～62.14％、64.41％～67.11％、61.60％～63.22％，吸收强度和比例均达到高峰，是棉花养分的最大效率期和需肥最多的时期。因此，保证花铃期充足的养分供应对实现棉花高产极其重要。吐絮期棉花长势减弱，吸肥量减少，叶片和茎等营养器官中的养分均向棉铃转移而被再利用，棉株吸收的氮、五氧化二磷、氧化钾数量分别占一生总量的 2.73％～7.75％、1.11％～6.91％、1.16％～6.31％，吸收强度也明显下降。

表 3-5 各生育时期吸收棉株干物质及养分积累量占总量的比例
(中国农业科学院棉花研究所，1987)

生育时期	皮棉 1420.5kg/hm²				皮棉 1114.5kg/hm²				皮棉 940.5kg/hm²			
	干物质积累占总量（%）	养分吸收占总量（%）			干物质积累占总量（%）	分吸收占总量（%）			干物质积累占总量（%）	分吸收占总量（%）		
		N	P₂O₅	K₂O		N	P₂O₅	K₂O		N	P₂O₅	K₂O
出苗至现蕾	2.80	4.63	3.39	3.75	2.60	4.45	3.41	4.15	2.40	4.46	3.04	4.01
现蕾至开花	23.40	27.85	25.29	28.34	22.90	29.25	27.36	30.98	22.80	30.41	28.74	31.61
开花至吐絮	64.10	59.77	64.41	61.60	68.50	60.85	65.08	62.52	70.40	62.41	67.11	63.22
吐絮至收获	9.60	7.75	6.91	6.31	6.00	5.45	4.42	2.35	4.50	2.73	1.11	1.16

2. 棉花不同产量水平下养分的吸收量

棉花产量的高低与土壤肥力、土壤养分含量有着密切的关系。在一定范围内，随着土壤肥力的提高和土壤养分的增加，产量随之上升，棉株吸收氮、磷、钾养分的总量也增加（表 3-6），但产量增长与需肥量增加之间不成正比，通常产量水平越高，单位质量养分生产的皮棉越多，效益越高。

表 3-6 棉花对氮磷钾养分的吸收量与吸收比例

棉区	皮棉产量（kg/hm²）	每生产 100kg 皮棉吸收量（kg）			N：P₂O₅：K₂O	资料来源
		N	P₂O₅	K₂O		
黄河流域棉区	1392	8.48	2.75	15.41	1：0.32：1.82	山东省农业科学院棉花研究所，1979
	1494	10.35	3.30	16.31	1：0.32：1.58	
	1539	10.10	3.25	15.63	1：0.32：1.55	
长江流域棉区	750	17.5	2.8	12.8	1：0.16：0.73	浙江农业大学，1987
	1125	14.1	2.0	11.7	1：0.14：0.83	
	1500	13.1	2.0	11.7	1：0.15：0.89	
	1875	12.5	1.8	10.5	1：0.14：0.84	
	2250	11.8	1.7	9.2	1：0.14：0.78	
西北内陆棉区	1425～1500	12.33	3.39	11.78	1：0.27：0.96	塔里木农垦大学，1997
	2175～2250	9.78	2.49	8.83	1：0.25：0.90	
	2400～2475	9.60	2.52	9.22	1：0.26：0.96	
	2850～2925	9.17	2.48	8.93	1：0.27：0.97	

（二）棉花的施肥技术

1. 增施有机肥，培肥地力

随着棉花产量的不断提高，对土壤肥力提出了更高的要求。土壤有机质要求在 0.8% 以上，全氮在 0.07% 以上，速效磷大于 15mg/kg，速效钾在 100mg/kg 以上；土壤理化性质较好，团粒结构多，土壤 pH6.5～7.5。增施有机肥对于保持和提高土壤有机质及有机质的更新起着重要作用。因此，高产棉田应重视有机肥的施用。增施有机肥的途径主要有施厩肥、秸秆还田、油渣还田、复播绿肥等。

2. 重施基肥，合理追肥

(1) 重施基肥。棉花生育期长根系分布深而广，不但要求表层土壤具有丰富的矿质营养，而且耕层深层也应保持较高的肥力，并能缓慢释放养分。因此，应重视基肥的应用。基肥以有机肥为主，再配合适量的磷、钾肥。高产棉田一般要求每公顷施有机肥 3.0 万～6.0 万 kg，碳酸氢铵 450～750kg，过磷酸钙 375～750kg，缺钾土壤施硫酸钾 150～225kg。重施基肥，在耕层内分布均匀，供肥平稳而持久。生育前期能促壮苗早发，中后期利于棉株稳健生长。全层深施的氮肥应尽量用缓释氮肥，以提高氮肥的利用率。

(2) 合理追肥。棉花追肥的总原则是"轻施苗肥，稳施蕾肥，重施花铃肥，补施盖顶肥"。

①轻施苗肥。棉花苗期虽营养体小，需肥量少，但该期棉苗对氮、磷的供应十分敏感。在基肥用量不足时，尤其是低、中产棉田，应重视苗肥的施用，以促进根系发育、壮苗早发。一般每公顷施标准氮肥 45～75kg，基肥未施磷、钾肥的，适量施用磷、钾肥。基肥用量足的高产棉田，可不施苗肥。

②稳施蕾肥。棉花蕾期施肥既要满足棉花发棵、搭丰产架子的需要，又要防止施肥不当，造成棉株徒长。因此，要稳施、巧施。对于地力好、基肥足、长势强的棉花，可少施或不施。对地力差，基肥不足，棉苗长势弱的棉田，可适当追施速效氮肥，一般每公顷施标准氮肥 150～225kg。

③重施花铃肥。花铃期是棉株生育旺盛时期，也是决定产量、品质的关键时期。该期大量开花形成有效棉铃，是一生中需要养分最多的时期，因而要重施花铃肥。施用数量和时间，要根据天气、土壤肥力和棉株长势长相而定。一般情况下，花铃肥用量要占总追肥量的 50%，每公顷施标准氮肥 225～300kg，高产田可增加至 450kg。长势强的棉田，应在棉株基部有 1～2 个成铃时施用。

④补施盖顶肥。盖顶肥的主要作用是防止棉株早衰，充分利用有效生长季节，争结"早秋桃"，提高铃重和衣分。盖顶肥的施用时间一般在立秋前后，每公顷施标准氮肥 75～112.5kg。

五、棉花需水规律与灌溉技术

(一) 棉花的需水规律

棉花需水量是指棉花在生长发育期间田间消耗的水量，包括整个生育时期内棉花自身所利用水分及植株蒸腾和棵间蒸发所消耗水量的总和。丁静 (1982) 综合北方棉区试验资料指出，棉田耗水量黄河流域棉区为 5250～7500m³/hm²。棉田耗水量受自然条件、农业技术措施和产量水平的影响，最终反映在耗水系数 (每生产 1kg 籽棉的耗水量) 不同。棉花的耗水系数一般为 1300～2000 (kg/kg)。产量提高，耗水量增。但耗水系数却随产量提高而降低。说明随产量水平的提高，水的利用率也随之提高。由于各生育时期的外界环境条件和生育状况不同，对水分的需要有很大差别 (表 3-7)。

表 3-7　棉花不同生育时期的耗水率及适宜田间持水量

棉区	生育期	耗水率（%）	耗水强度〔m³/（hm²·d）〕	地面蒸发所占比例（%）	适宜田间持水量（%）	综合资料
黄河流域棉区	苗期	15.0 以下	7.5～22.5	80.0～90.0	55～65	中国农业科学院棉花研究所综合资料
	蕾期	12.0～20.0	22.5～37.5	45.0～55.0	60～70	
	花铃期	45.0～65.0	37.5～45.5	25.0～30.0	70～80	
	吐絮期	10.0～20.0	30.0 以下	25.0～30.0	65 左右	
西北内陆棉区	苗期	12.0～15.0	16.5～22.5	80.0～90.0	60～70	石河子大学综合资料
	蕾期	12.0～20.0	33.0～45.0	50.0 以上	65～70	
	花铃期	50.0～60.0	60.0～90.0	25.0～30.0	70～80	
	吐絮期	15.0	22.5～33.0	50.0	60～70	

（1）苗期：棉花出苗到现蕾阶段，由于气温不高，植株体较小，土壤蒸发量和叶面蒸腾量均较低，因此需水较少。此阶段的需水量占全生长期总需水量的 15% 以下，0～40cm 土层含水量占田间持水量的 55%～70% 为宜。

（2）蕾期：棉花现蕾以后，气温逐渐升高，棉花生育加快，土壤蒸发量也随之增加，需水量也逐渐加大。此阶段的需水量占全生长期总需水量的 12%～20%，0～60cm 土层内保持田间持水量的 60%～70% 为宜。

（3）开花结铃期：棉花开花后生长与发育两旺，耗水量大，是生育期的高峰，此阶段需水量占总需水量的一半左右。1m 土层持水量应为 70%～80%，低于 60% 时，即需灌溉。

（4）吐絮期：由于气温下降，叶面积蒸腾减弱，需水量逐渐减少。此阶段的需水量占总需水量的 10%～20%，土壤水分保持在田间持水量的 65% 为宜。

（二）灌溉技术

（1）播前贮备灌溉：北方棉区春季干旱，一般要进行播前贮备灌溉，使土壤有足够的水分，满足棉花出苗及苗期水分需要。结合各棉区生产实际，可进行秋（冬）灌，也可进行春灌。秋（冬）灌可改良土壤结构，减轻越冬病虫害，提高棉田地温。一般在封冻前 10～15 天开始至封冻结束。灌水过早，因气温高，蒸发量大，水分损失多；过晚则因土壤结冻，水不下渗，在来年春天解冻时，造成地面泥泞，影响整地和播种进度。秋（冬）灌灌水量一般每公顷 1200m³ 左右。未进行秋灌或播前土壤湿度不足时，可在播前 10～20 天进行春灌，其水量不宜过大，一般每公顷不超过 900m³。

（2）生育期灌溉：棉花生育期灌水因棉区而异。黄河流域棉区苗期气温、地温较低，一般不灌水，现蕾至开花期是缺雨季节，是棉田灌水关键时期，宜小水轻浇，每次每公顷灌水量 300～450m³，灌头水后，再遇干旱，第二次必须及时。高产棉田一般宜适当推迟灌头水，以控制营养生长，促进根系发育和生殖生长，减少蕾铃脱落。进入花铃期后，雨热同季，既要注意排水防涝，又要注意伏旱灌水。

六、棉花的整枝技术

棉花整枝包括去叶枝、打顶、打边心、抹赘芽、打老叶等。对于生长正常的棉田打边心、抹赘芽、打老叶不仅费工，而且增产效果不明显。目前生产上主要进行去叶枝、打顶等项作业（图3-9）。

（一）去叶枝

当第一个果枝出现后，将第一果枝以下叶枝及时去掉，保留主茎叶片，称为去叶枝或抹油条。去叶枝可促进主茎果枝的发育，弱苗和缺苗处的棉株可以不去叶枝，等其伸长后再打边心。去叶枝在现蕾初期进行，一般株型松散的中熟品种需要去叶枝，株型紧凑的早熟品种可不去叶枝。

（二）打顶

打主茎顶心消除顶端优势，调节光合产物的分配方向，增加下部结实器官中养分分配比例，加强同化产物向根系中的运输，增强根系活力和吸收养分的能力，进而提高成铃率。适宜打顶的时间：黄河流域棉区多在7月中旬打顶；土质肥沃的棉田，可推迟到7月下旬打顶；高密度的旱薄地棉田，则可提早到7月上旬打

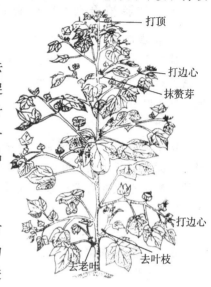

图3-9 棉花整枝示意图

顶；新疆棉区由于棉花生长后期气温下降快，需靠增加密度、减少单株果枝数争取早熟高产，一般在7月15日前打顶。在高密度栽培条件下，打顶时间应适当提前，南疆在7月10—15日。北疆在7月5—10日。打顶方法应采用轻打顶，即摘去顶尖连带一片刚展开的小叶。因打顶迟而采取重打顶时，可打二叶一心。河北省大部分棉区可在7月中、下旬进行。

（三）打边心

打边心（又称打群尖、打旁心）就是打去果枝的顶尖。打边心可控制果枝横向生长，改善田间通风透光条件，有利于提高成铃率，增加铃重，促进早熟。生产上对肥水充足，长势较旺，密度较大的棉田，自下而上分次打去边心，并结合结铃情况，下部留2～3个果节，中部留3～4个果节，上部可根据当地初霜期早晚灵活确定。打边心时间，黄河流域棉区一般在8月10—15日前，南疆在8月15日前，北疆在8月5日前。打群尖最好应当在当地初霜前70天左右打完。

（四）抹赘芽

主茎果枝旁和果枝叶腋里滋生出来的芽都是赘芽，由先出叶的腋芽发育而来。在氮肥施用多，土壤墒情稍足，打顶过早时，常有大量赘芽发生，既消耗养分又影响通风透光，应及时打掉。

第五节　棉花地膜覆盖栽培

一、地膜覆盖棉花的生育特点

1. 耕层根量大，吸收能力强

棉花主根粗壮，土壤浅层侧根数量多而密集，深层少而稀疏，支根和小支根多，形成上密下疏，有利于更充分吸收耕作层养分和水分；棉花根系活力高，吸收能力强，有利于地上部茎叶旺盛生长。

2. 生长发育加快

由于地膜覆盖具有增温、保墒、提肥等作用，从而促进棉株生长发育，表现为出叶早、叶面积增长迅速、叶面积指数增长快、现蕾早、开花早、吐絮早，生长发育进程明显加快。据山东农业大学观察，地膜棉的出苗期、现蕾期、开花期分别较露地棉提早 6～8 天、7 天、3～4 天。

3. 产量结构合理

由于地膜棉现蕾、开花提早，从而使伏前桃和伏桃比例明显增多。一般高产棉田的"三桃"比例为 1∶8∶1 或 2∶7∶1。地膜棉由于伏前桃和伏桃增多，铃重提高，有利于实现高产优质。

二、地膜覆盖棉花栽培技术要点

1. 播前准备

(1) 选地和整地。一般应选择土层深厚、肥力中等以上、地势平坦的田块。要求地面平整，无坷垃、无残茬，上虚下实，底墒足、表墒好。

(2) 增施基肥。地膜覆盖后，有机质分解快，根系从土壤吸肥多，吸肥早，故要增加基肥用量。施用量要因地制宜，中、上等的壤土地，保肥、供肥能力较强，一般基肥施用量占总量的 45％左右；土壤偏砂的棉田，基肥以占总量的 30％左右为宜。

2. 覆膜方式

地膜覆盖播种方式可分为先播种后覆盖和先覆盖后播种两种。

(1) 先播种后覆盖。其优点是能够保持播种时土壤墒情和土壤结构。在出苗前保温效果好，有利于出苗和机械播种，便于提高播种质量和速度，节约用工。存在的问题是破膜放苗不及时，棉苗遇高温易受灼伤；破膜后棉苗遇低温易受冻害；膜内外温度、湿度差距大，棉苗出苗后抗逆性差，易感病害而死苗。

(2) 先覆盖后播种。即整地后先覆塑膜，播种时再在膜上按株距要求打孔破膜播种。其优点是墒情好时及时覆膜，有利于保墒；破膜时洞小，保温、保墒及防除杂草效果均较好；棉花出苗后，不需放苗，即能适应外界环境条件，抗逆能力强，苗较健壮。存在问题是人工打洞点播，需工较多，播种深浅及盖土量不易一致，出苗不整齐；播后如遇雨，土面板结，破土较费工等。可采用宽膜覆盖，膜上机械点播技术，将覆膜、播种、覆土由机械一次完成。

3. 适时播种

地膜覆盖棉田，土壤温度、水分等条件较好，播种期较露地棉提早 5～7 天。黄河流域棉区的播种适期，原则上是终霜前播种，终霜后出苗。一般在 4 月中旬播种，播种至出苗需 6～8 天，出苗后可避过终霜为害。

4. 田间管理

（1）破膜放苗。若采用先播种后覆膜的方式，当棉苗出土达60%～70%，且大部分棉苗子叶转绿时，要及时在膜上打孔放苗。若打孔不及时会灼伤幼苗。膜孔直径以 3～4cm 为宜，直径过大会散墒降温。在棉苗出孔，叶片上积水散发后，随即用土封口，防止土壤水分散失或大风揭膜。

（2）水肥运筹。地膜覆盖虽有保墒和提墒作用，但棉花开花后，蒸腾作用旺盛，耗水较露地棉多，所以遇旱要及时灌溉。蕾期土壤田间持水量低于55%时，一般每公顷灌水300～450m³；花铃期土壤田间持水量低于60%时，每公顷灌水 450～600m³。地膜棉前期生长快，开花结铃早，后期易早衰。因此，生育前期需肥量大。要求施足基肥，重施花铃肥。改常规重施一次花铃肥为两次施用，即在初花揭膜时施有机肥和部分速效肥，当棉株结1～2个大铃时再施一次速效氮肥。施肥与灌溉相结合，充分发挥肥效。在中等肥力棉田，每公顷施纯氮225kg左右，其中1/3作基肥或种肥，且注意配合适当的磷钾肥2/3于花铃期追施。

（3）揭膜。一般棉区以盛蕾或初花前后揭膜为好。因盛蕾或初花前后，地膜覆盖的增温效应逐步消失，并且此时揭膜也便于及时施肥、中耕培土等田间管理。但在特早熟棉区可以不揭膜，以充分发挥地膜增温、保墒的效应。

第六节　病虫害及其防治

随着抗虫棉品种的推广，棉铃虫已不再是棉花的主要虫害；棉蚜、棉盲蝽等危害加重，这是由于棉花面积的扩大，棉花重茬，多年连作造成的；枯黄萎病的发生对于当前棉花生产也造成很大影响。

一、棉花虫害

（一）棉盲蝽

1. 为害特点

棉盲蝽以成虫、若虫刺吸棉株营养液，造成蕾铃大量脱落、破头、破叶和枝叶丛生等。在棉花的各生育期中，受害的表现也不同：在子叶期生长点被害，生长点变黑、干枯，不再生长；真叶出现后，顶芽受害枯死，不定芽丛生，变成"多头棉"；为害嫩叶时，被害点初呈小黑点，叶展开后大量破碎，称为"破叶疯"；幼蕾、幼铃被害，先形成黄褐色，最后干枯脱落。棉盲蝽为害作物除棉花外，还为害豆类、豆科牧草、蔬菜、果树、葡萄等。

2. 病发原因

①近几年来，随着农业结构调整，盲蝽喜食作物（如苜蓿、豆类、棉花、蔬菜、果树等）面积不断扩大，所以，虫量逐年增加。②6～7月雨量较多，田间湿度大，对棉盲蝽

卵的孵化及各虫态的发育非常有利。③河北省近几年棉花种植面积增加,在雨水较大年份,一些棉农田间整枝、化控等技术跟不上,棉花生长过旺、无效花、蕾过多,植株含氮量偏高,对棉盲蝽的繁殖非常有利。④棉农认识不足,棉盲蝽具有很强的隐蔽性,个体小,体色与棉花叶色相似,且十分活跃,在田间只能看到盲蝽造成的危害,难发现虫子,因而造成防治时间偏晚,错过最佳防治时期。

3. 综合防治技术

(1) 越冬卵孵化前,清除地头杂草及棉柴,减少早春越冬虫源寄生。合理施肥,不要偏施氮肥,以防植株生长过旺。及时做好受害棉株的整枝工作,尤其是多头棉,去掉细弱枝,保留 1~2 枝作为主干。

(2) 化学防治。防治时期在 6 月中旬—8 月中旬,是防治的关键时期。应掌握在果枝或顶尖叶片被害株率达 5%,或点片棉株受害时进行用药防治。防治方法要以棉株尖和果枝尖为重点,为防治害虫逃逸,大块棉田从外围向中心喷,或先在棉田四周喷一个封闭带,然后再喷全田,以提高防治效果。具体防治措施有:①每亩用 1.2% 甲壳虫 30~40ml,兑水 30kg 均匀喷雾。②每亩用 5% 啶虫脒可湿性粉剂 15g 兑水 30kg,均匀喷雾。一般在上午 9 点以前或下午 5 点以后用药防治,一定要注意喷匀喷透。力求做到喷药细致、均匀,正反面均能喷布。

(二) 棉蚜防治

棉蚜在我国各棉区都有发生,北方棉区为害较重。棉苗期受害,棉叶卷缩,推迟开花、结铃。蕾铃期受害,引起蕾铃脱落。

防治方法。可选用:抗蚜丁可湿性粉剂 1000 倍,吡虫啉可湿性粉剂 1000 倍、灭杀星乳油 1500 倍、定击乳油 2000 倍、虫必克乳油 1500 倍、高效氯氰菊酯乳油 1000 倍、5% 啶虫脒可湿性粉剂 2500 倍液均匀喷雾。

二、棉花病害——棉花枯萎病

棉花枯萎病是一种真菌病害,由尖孢镰刀菌萎蔫专化型引起,属半知菌类。棉花枯萎病从子叶期开始就可发病,病株矮小,蕾铃脱落率高,单株结铃数下降,铃重减轻,棉纤维强度下降,从而影响棉花产量和品质。病害严重的 1~2 片真叶时即可造成死苗。现蕾期发病高峰时可成片死苗。其症状随环境条件、棉花品种类型、棉花生育期、病原致病力等因素的不同而异。

棉花枯萎病和黄萎病的病原不同,但都作用于植株的维管束,侵染过程类似。在棉区不但有单一的枯萎病和黄萎病田,还有许多两病混生病田,有时一株棉花还同时感染两种病害。枯萎病和黄萎病的主要区别如下。

(1) 发病时间:枯萎病较黄萎病发病时间早,一般在子叶期就开始发病,发病盛期在苗期和蕾期;而黄萎病在 3~4 片真叶时开始发病,发病盛期在 7~8 月的花铃期。

(2) 苗期症状:枯萎病病株的子叶和真叶出现黄色网纹,局部枯焦,严重的造成死苗,在不正常气候条件下出现紫红型和青枯型症状;黄萎病病株叶片叶肉褪色呈灰色或浅黄色，叶片看上去像西瓜皮的颜色和斑纹，叶缘向上翻，落叶型菌系可造成大面积落叶。

（3）中后期症状：枯萎病病株节间缩短，植株矮小，顶端枯死或局部侧枝枯死，叶片出现黄色网纹和局部枯焦，雨季病部出现红色霉层；黄萎病一般不矮化，叶脉不变色，叶肉褪色使整叶呈西瓜皮状，叶缘枯焦，落叶型菌系可造成落叶光秆，一般下部先出现症状，向上发展，雨季病部出现白色霉层。

（4）导管颜色：剖秆检查，棉花枯萎病导管变色较深，呈黑褐色变色不均匀；棉花黄萎病变色较浅，呈褐色变色均匀。棉花枯萎病菌可在土壤中或棉株残体上进行腐生生活，又可在棉株内进行寄生生活；既能随运输工具远距离传播，又能随作业、流水近距离扩散，造成病菌在土壤中不断扩散和积累，加重发病率和为害程度。病害可在土壤中存活6～7年，厚坦孢子存活甚至长达15年。

病菌由棉苗根尖侵入棉株，在导管中大量繁殖的菌丝及棉株受病菌刺激产生的物质，阻碍水分运输；小型孢子随棉株体液向上扩散至全株，破坏棉株细胞，影响棉株生长发育。

棉花枯萎病是一种专化性较强的病菌，除侵害棉花外，据西北农学院试验，甘薯、大豆、豌豆、红麻、向日葵、烟草、番茄、辣椒、黄瓜等作物，虽表现不出外部症状，也无维管束变褐现象，但能被枯萎病菌侵染，并可传播病害。只有小麦、玉米不受侵染，所以，小麦、玉米与棉花倒茬是防治枯萎病的有效措施。

棉花枯萎病的侵染和为害，受气候条件、棉花生育阶段和栽培管理等多种因素影响。

（1）气候条件：棉花苗期土温达到20℃，染病棉株开如表现症状，25～30℃进入发病高峰，30℃以上的病情受抑制。因此，黄河流域5月下旬至6月中旬为发病高峰。土壤湿度大使地温降低，发病较重。

（2）棉花生育阶段：据试验，棉花无论哪个时期播种，都是蕾期发病最重。

（3）栽培管理：无病土营养钵育苗移栽有利于减少苗期病害；前期中耕可以提高地温，促进根系发育，可减轻病害；棉田大水漫灌，增加土壤湿度，降低地温，易于发病；单施氮肥发病较重，氮、磷、钾混施有利于减轻病害；连作病害重，轮作病害轻，但不能杜绝菌源；据研究，棉田许多杂草是枯萎病的不显症寄主，虽不显症状，但带有病菌，是传病的中间介体，所以杂草多的棉田易发病；施用芽前除草剂不当，根系受损伤，病害重；喷施缩节胺和腐殖酸等生和调节剂有减轻病害的作用。

棉花枯萎病被称为棉花的癌症。目前，在大田尚无十分有效的防治措施和药剂。因此，要立足于用综合措施进行预防：①严格植物检疫制度，无病区不从病区引种或调种；②种植抗病品种；③实行轮作倒茬，采用小麦、玉米与棉花轮作，可减轻发病，调动一切手段，营造一个不适合病菌侵染为害而利于棉株健壮生长的环境条件。大量的事例说明，只要棉花从苗期根壮棵壮，病害就轻。所以凡是有利于促根壮棵的措施，也都是防病减病的措施。

当前，多数棉田有两大因素对预防枯萎病极为不利：①连年不进行棉田耕翻；②不施用有机肥和不能平衡施肥。这两种原因造成棉田耕层过浅，病菌大量聚集在土壤10～5cm处，根系不能下扎，土壤结构变劣，有机质和钾素缺乏，为枯萎病发生埋下隐患。一旦气候条件适合，必然会造成枯萎病暴发。

第四章 甘 薯

甘薯俗称白薯、红薯、地瓜等，为旋花科甘薯属蔓生性草本植物。甘薯原产于美洲，在我国已有400余年的栽培历史。甘薯适应性广、抗逆性强、病虫害少，是一种高产稳产作物。甘薯是河北省主要栽培作物之一，因其耐旱、耐瘠性强，主要种植在平原旱薄地及山坡丘陵地。甘薯营养价值较高、适口性好，除食用、饲用外，还可加工制成各种食品、化工产品、医用品等。近年来，随着社会经济及甘薯加工业的发展，在一些甘薯主产区，甘薯已由过去的粮食作物变成了经济作物。

第一节 甘薯育苗

育苗是甘薯生产中十分重要的环节，及时培育出充足的无病壮苗，满足生产上适期栽秧的需要，是夺取甘薯高产的基础。

一、繁殖特点

（1）有性繁殖：甘薯是喜高温的短日照作物，在北纬23°以南地区能自然开花结实；河北省因纬度较高、日照较长，一般不能自然开花或花而不实。甘薯为异花授粉作物，用种子繁殖时后代分离严重，不能保持原品种的特性，而且块根产量低、品质差，生产上难以直接利用，只是在杂交育种上采用。

（2）无性繁殖：甘薯的根、茎、叶等营养器官具有很强的生根、发芽能力，利用这些器官进行无性繁殖，其后代不发生分离，能保持原品种特性，而且块根产量高、品质好。

在河北省甘薯生产中，春薯主要采取块根育苗、夏薯采取剪蔓栽植的无性繁殖方法。

二、甘薯块根萌芽特性

甘薯块根上有大量的不定芽原基，多集中在根眼附近，在块根膨大过程中就已分化形成，呈潜伏状态，在适宜条件下可萌发成苗。块根上不定芽原基虽然很多，但在较好的育苗条件下萌芽率也仅有30%～50%，每千克种薯可育苗200～300株。块根萌芽快慢及出苗多少与自身特性有关。

（1）不同品种与萌芽出苗的关系：品种不同，块根上不定芽原基数量及发育状况不同，故不同品种的块根萌芽快慢及出苗多少有很大差异。一般薯皮（木栓层）较薄、根眼较多的品种萌芽快、出苗多，反之则较差。

（2）块根不同部位与萌芽出苗的关系：块根有很强的顶端优势，育苗时顶部比中、下部萌芽快、出苗多；如果把块根横切三段，可打破顶端优势，中、下部出苗增多，但容易烂薯。另外，块根的阳面比阴面萌芽快而多。

（3）块根大小与萌芽出苗的关系：大块薯养分含量多，单块薯一般出苗多而壮；小块薯养分含量少，单块薯一般出苗少而弱。如以单位重量计算，则小块薯出苗多，大块薯出苗少，故大薯作种不经济。育苗时，为兼顾种薯出苗数、秧苗素质及经济效益，应选用大小适中的薯块作种薯，以 100～200g 为宜。

（4）块根生长期长短与萌芽出苗的关系：生长期较短的薯块皮层薄、生活力强、病虫害少，因而萌芽快、出苗多。因此，生产上多在夏季剪蔓繁殖种薯，而不用生长期较长的春薯作种薯。

（5）块根质量与萌芽出苗的关系：遭受冷害、冻害、涝害、病害、虫害及缺氧贮藏的薯块生活力下降，影响萌芽出苗。受害轻时萌芽慢、出苗少；受害重时不出苗或烂薯。

三、种薯萌芽及幼苗生长对环境条件的要求

（1）温度：块根萌芽所需最低温度为 16℃，在 16～35℃时，温度越高种薯萌芽越快、越多；育苗初期短时（3～4 天）、高温（35～38℃）可促进种薯愈伤组织的形成及芽原基迅速萌发，出苗快而多，还可抑制线虫及黑斑病菌活动；温度长期高于 35℃，对幼芽生长有抑制作用；温度高于 40℃，会灼伤种薯而使其腐烂。

幼苗生长所需最低温度为 16℃，25～30℃条件下幼苗生长健壮，31～35℃时幼苗易徒长，高于 35℃，幼苗生长受抑制。

（2）水分：种薯萌芽阶段苗床土壤相对含水量以 80％左右为宜。如床土水分不足，种薯先萌芽后生根，或不生根，容易糠心；苗床过于干燥，种薯不萌芽也不生根；苗床土水分达饱和状态时，会因缺氧而引起烂薯。

幼苗出土后，床土相对含水量以 70％～80％、床上空气相对湿度以 80％左右为宜；炼苗阶段床土相对含水量应降至 60％左右。

（3）氧气：育苗过程中，种薯呼吸作用旺盛，消耗氧气多，氧气供应不足时呼吸作用受阻，种薯萌芽慢，甚至不萌芽；如长期缺氧，种薯进行无氧呼吸并产生酒精，可使种薯中毒而引起腐烂。

（4）光照：光照对种薯萌芽没有直接促进作用，但采用塑料薄膜覆盖育苗时，光照是床温的重要热量来源。光照是幼苗生长的必需条件，充足的光照有利于光合作用的进行，使秧苗生长粗壮；光照不足，秧苗生长细弱。

（5）养分：养分是种薯萌芽及秧苗生长的物质基础，养分供应充足，有利于种薯萌芽及秧苗生长。种薯虽含有大量养分，但主要为碳水化合物，氮、磷等矿质营养含量很少，不能满足育苗的需要。所以，育苗应选用肥沃床土，施用有机肥并配合用氮肥和磷肥。

四、育苗技术

（一）育苗方式

根据育苗时苗床温度来源不同，河北省主要有冷床育苗、塑料薄膜酿热温床育苗、火

炕育苗、电热温床育苗等。

(1) 冷床育苗：完全依靠太阳能提高床温。这种苗床结构简单，建床省工省料，不用燃料，管理方便，育秧成本低，秧苗素质好，栽后成活率高。但其增温完全依靠太阳能，不能人为加温，在早春低温、多阴雨天气苗床温度低、种薯萌芽慢、出苗少。

(2) 塑料薄膜酿热温床育苗：依靠太阳能和酿热物产生热量提高床温。苗床不用燃料，管理方便，育秧成本低，比冷床育苗萌芽快、出苗多。但苗床温度不能完全人为调控，尤其是连续阴雨天气或酿热物产生热量不足时，苗床温度低，种薯萌芽慢、出苗少。

(3) 火炕育苗：主要依靠燃料产生热量并利用部分太阳能提高床温。这种苗床结构复杂，建造费工，苗床管理技术水平高，需消耗燃料，育苗成本高。但床温可根据育苗需要人为调控，种薯萌芽快、出苗多，可适期培育出足够的壮苗。

(4) 电热温床育苗：主要依靠电能及部分太阳能提高床温。这种苗床结构简单，床温便于人为调控，升温快，苗床温度均匀，种薯萌芽快，出苗多而壮（图4-1、图4-2）。

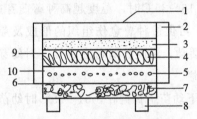

图 4-1 甘薯电热温床剖面图

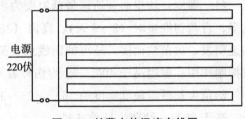

图 4-2 甘薯电热温床布线图

1. 覆盖塑料薄膜 2. 床墙 3. 碎草 4. 种薯 5. 电热线

6. 地平 7. 酿热物 8. 通气沟 9. 覆沙 2cm

10. 床土（线上、下各 6.5cm）

(二) 种薯上床

1. 种薯准备

(1) 选用优良品种。根据当地气候特点、生产条件及用途，选用产量高、品质好、抗逆性强、适应性广的优良品种。

(2) 精选种薯。精选种薯是保持品种纯度、防止病薯上床育苗的重要环节。应选用具本品种特征，薯形端正，薯皮颜色鲜明，无病虫为害，未受冷害、冻害、涝害，薯块大小适中的夏薯作种薯。选薯时，去掉薯块两头，如薯肉有褐色斑点、发糠或颜色不正常，表明薯块已遭受冷害、病害或涝害。

(3) 种薯消毒。可杀灭种薯上所带线虫及病菌，防止烂薯。常用方法主要有温汤种、药剂浸种等。

2. 种薯上床技术

(1) 种薯上床时间。一般在栽秧前 25～30 天，选晴天上午进行。采用地膜覆盖栽培、覆膜小拱棚栽培或栽秧前假植的，种薯上床时间可适当提前 5～10 天。

(2) 排薯。苗床排薯时应做到：薯首向上、薯尾朝下，阳面向上、阴面朝下，首朝北、尾朝南，首、尾相压 1/3，上平下不平，大小薯块分开排，排薯密度 18～27kg/m²。排薯时，将床温提高到 30℃ 左右。

（3）稳薯。排薯后，用锹轻轻把种薯排平，随后用细沙灌缝稳薯。

（4）浇水、盖沙土。用 30℃ 左右温水将床土浇透（使床土相对含水量达 90％ 左右），待水下渗后，在种薯上覆盖 4～5cm 细沙土，整平后密封床上塑料薄膜。

（三）苗床管理

加强苗床管理，是实现早出苗、多出苗、育壮苗的关键。壮苗标准：秧苗粗壮，节间短，汁液多，韧性强，叶片肥厚浓绿，顶三叶平齐，秧苗根少，无气生根，健壮无病；苗高 25cm 左右，苗龄 20 天左右，6～7 片叶，百苗鲜重 500g 以上，茎直径大于 0.35cm，节间平均长度 3～4cm。

1. 种薯萌芽阶段

从排薯至幼苗出土。种薯上床后 3～5 天扎根，5～7 天萌芽，10 天左右幼苗出土。本期苗床管理主要任务：促进种薯早萌芽、多出苗；主要措施为增温保温、通风换气、浇补墒水。

（1）增温保温。种薯上床后迅速将床温提高到 35～38℃（不高于 40℃），保持 4 天（高温催芽），然后将床温降至 30～32℃ 直到出苗。火炕育苗可在床温上升到 35℃ 时停火，其余热可使床温上升 3～4℃；电热温床育苗应及时控制电源；酿热温床温度调节可采取开、关通气孔的方法，控制酿热物发酵生热；苗床上覆盖塑料薄膜时可采取揭盖草帘的方法增温、保温或降温。

（2）通风换气。种薯上床后 5 天，打开通风口或撬开塑料薄膜进行通风换气，补充苗床氧气，防止烂薯。

（3）浇补墒水。结合通风换气检查床土水分，当床土相对含水量低于 70％ 时应浇补墒水，浇水量以湿透干土层为宜，使床土相对含水量达 80％ 左右。

2. 秧苗生长阶段

自幼苗出土至炼苗，一般需 12～15 天。本期苗床管理主要任务是促苗稳长。主要措施是调节温度、及时浇水。

（1）调节温度。幼苗出土后，将床温降到 28℃ 左右，苗高 15cm 时降到 25℃，床面气温保持在 25～30℃，不高于 35℃（中温长苗）。苗床覆盖塑料薄膜时，晴天中午前后适当遮阳，防止光照过强引起床温或床面气温过高，造成灼芽、灼苗。

（2）及时浇水。秧苗生长期间，床土水分不足会抑制秧苗生长，形成小老苗，当床土相对含水量低于 60％ 时，应及时浇水，使床土相对含水量保持在 70％ 左右。

3. 炼苗阶段

自开始炼苗到采苗，一般需 5 天。本期苗床管理主要任务是培育壮苗。主要措施是通风降温、适当控水。

（1）通风降温。当苗高 20cm 左右、采苗前 5 天、白天气温达 20℃ 以上即可炼苗。炼苗时将床温降至 20℃（低温炼苗），在早晨或傍晚从背风面打开通风口或撬开塑料薄膜通风，第二天转为对面通风，并逐渐加大通风口，第三天可逐渐揭掉塑料薄膜，昼夜炼苗。

炼苗期间，如果中午前后光照过强，可适当遮阳，防止秧苗失水过多萎蔫；如遇低温阴雨天气，应注意保温、防寒。

（2）适当控水。炼苗阶段床土相对含水量以 60％左右为宜，如果水分不足，可适当少浇水，以利培育壮苗。

4. 采苗

当秧苗达育苗标准时即可采苗。采苗时手按床面，防止将种薯拔出。采下的苗大小分开，每 100 株或 200 株捆成一把。采下的秧苗不能栽植时，可在阴凉处地面上铺一层潮湿细沙土进行假植。

5. 采苗后的管理

采苗后，要继续抓好苗床管理，以利于多出苗、育壮苗。

（1）调节温度。每次采苗后将床温提高到 30～32℃（不高于 35℃）保持 3 天，促苗快长；然后将床温保持在 25～30℃。当苗高达 20cm 左右时，再次炼苗。当采苗 3～4 次后，第一次高温催芽长出的秧苗基本采完，如需继续育苗时，可进行第二次高温催芽。

（2）浇水。每次采苗后第二天浇水（以利种薯伤口愈合），水量宜大，使床土相对含水量达 80％左右；到秧苗生长、炼苗阶段，床土相对含水量应保持在 70％、60％。

（3）追肥。从第二次采苗开始，每次采苗后第二天结合浇水追施速效氮肥，每次每平方米床面可追硫酸铵 80～100g 或尿素 50g（先追肥、后浇水）。

 复习题

1. 大田生产中，甘薯为什么采取无性繁殖？
2. 块根萌芽有哪些特性？有何生产意义？
3. 块根萌芽及幼苗生长需哪些环境条件？要求如何？
4. 种薯上床包括哪些技术环节？如何掌握？
5. 怎样加强苗床管理才能培育出充足壮秧？

第二节　甘薯大田栽培

一、甘薯的生长

（一）甘薯的生长时期

根据甘薯不同时期的生长特点及田间管理的需要，将甘薯的大田生长期划分为 3 个生长时期。

（1）发根分枝结薯期：从栽秧到茎叶封垄，也称生长前期，春薯需 60～70 天。

（2）蔓、薯并长期：从茎叶封垄到茎叶生长高峰，也称生长中期，春薯需 40～50 天。

（3）块根盛长期：从茎叶生长高峰到收获，也称生长后期，春薯需 50～60 天。

（二）根及其生长

1. 根的种类

甘薯的根分为纤维根、柴根和块根（图 4-3）。

（1）纤维根：形状细长，呈纤维状，其上生有许多根毛，主要功能是从土壤中吸收水分和养分。纤维根大多分布于地表 30cm 土层内，也有少数深达 100cm 以下土层。

（2）柴根：也称梗根、牛蒡根，根长约 30cm、直径 0.2～2.0cm。这种根消耗大量养分，无经济价值，生产上应控制柴根的发生。

（3）块根：也称薯块，是经济器官。多生长在地表 5～25cm 土层。块根形状分为纺锤形、圆筒形、椭圆形、球形及块状形；块根皮色有紫红、淡红、黄褐、淡黄及白色；块根肉色主要有杏黄、黄、橘红、白色等，有的薯肉上还带有紫晕；块根大小不等，小的不足 10g，大的可达几千克，甚至几十千克。块根的形状、皮色、肉色与品种有关。

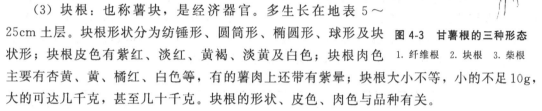

图 4-3 甘薯根的三种形态
1. 纤维根 2. 块根 3. 柴根

2. 幼根的分化

栽秧后 2～5 天，秧苗上可生出不定根。不定根形成后能否形成块根，主要与幼根初生形成层活动能力、中柱细胞木质化程度及环境条件有关。幼根初生形成层活动力强，在适宜温度、水分、养分条件下，中柱细胞木质化程度小，易形成块根；幼根初生形成层活动力弱，在土壤多氮、潮湿、缺氧条件下，中柱细胞木质化程度高，易形成纤维根；幼根初生形成层活动力虽强，在土壤板结、干旱条件下，中柱细胞木质化程度大，易形成柴根。

块根形成于初生形成层活动期，一般在生根后 10～20 天；块根膨大主要在次生形成层活动期，即从块根形成到收获期间。

3. 块根膨大动态

块根形成后，在适宜条件下可持续膨大，没有明显成熟期的限制。生产中，块根形成初期膨大十分缓慢，以后随着植株的生长，块根膨大速度逐渐加快，临近收获时又减慢（表 4-1）。

表 4-1 甘薯单株薯重的变化

调查日期	栽秧后天数（天）	累积增长量		阶段增长量		
		g/株	占最大薯重（%）	g/株	占最大薯重（%）	日均增长 g/株
6 月 12 日	35	0.5	0.05	0.5	0.05	0.014
7 月 7 日	60	143.0	13.27	142.5	13.22	5.70
8 月 1 日	85	357.6	33.17	214.6	19.90	8.58
8 月 26 日	110	576.4	53.47	218.8	20.30	8.75
9 月 19 日	135	831.5	77.13	255.1	23.66	10.20
10 月 14 日	160	1078.0	100	246.5	22.87	9.86

注：品种为一窝红。

（三）主茎、分枝及其生长

1. 主茎、分枝的形态

主茎和分枝通称为薯蔓或茎，具有匍匐生长习性。薯蔓长短不等，根据薯蔓长度分为长蔓品种（春薯蔓长 3.0m 以上）、中蔓品种（春薯蔓长 1.5～3.0m）、短蔓品种（春薯蔓长 1.5m 以下）；薯蔓横断面呈椭圆形或有棱角，直径 0.4～0.8cm；薯蔓颜色分为绿色、绿中带紫或紫色等，是品种特征之一。薯蔓由节和节间组成，节上着生叶，叶腋间有腋芽，节上有根原基。

2. 主茎和分枝的生长

秧苗成活后，主茎开始生长，在叶腋间形成腋芽，条件适宜时可形成分枝。单株分枝发生多少与品种特性及栽培条件有关，一般发生 7～20 个，大多在主茎或分枝基部各节。生长前期主茎生长速度比分枝快，以后分枝生长速度显著加快，到封垄前后，早发生的分枝长度往往赶上或超过主茎。单株薯蔓鲜重、干重的增长以生长前期较慢、封垄后显著加快，生长后期增长速度下降，并有部分薯蔓相继死亡，薯蔓鲜、干重减轻（表 4-2）。

表 4-2　甘薯不同时期茎、枝生长变化

调查日期	主茎		分枝		茎枝鲜重		茎枝干重	
	长度（cm）	节数	条	最长分枝（cm）	g/株	占最大重（%）	g/株	占最大重（%）
6 月 12 日	12.7	—	4.3	—	2.7	0.7	0.32	0.6
7 月 7 日	61.8	30.9	5.8	—	102.8	28.2	10.26	19.3
8 月 1 日	110.6	43.0	11.1	124.8	299.1	82.1	27.50	51.7
8 月 26 日	120.9	47.5	—	130.6	364.2	100.0	37.78	71.0
9 月 19 日	135.2	53.2	14.9	160.3	327.2	89.8	53.20	100.0
10 月 14 日	143.4	—	14.1	165.1	295.1	81.0	48.9	91.9

注：品种为一窝红，栽秧期 5 月 8 日。

（四）叶及其生长

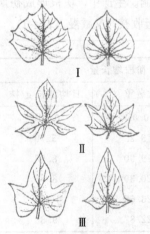

图 4-4　甘薯的叶形

Ⅰ. 心脏形　Ⅱ. 掌状形　Ⅲ. 三角形

1. 叶的形态

甘薯的叶为单叶，只有叶柄、叶片，属于不完全叶。叶形分为三角形、心脏形、掌状形等，叶缘有全缘、带齿或缺刻等，叶片形状变化较大，同一株上不同部位的叶片形状也不一样（图 4-4）。叶片一般为绿色，但浓淡程度不同，有些品种薯蔓顶端幼叶呈褐色或紫色。叶片上有掌状叶脉，有紫色、绿色等。叶片一般长 7～15cm，宽 5～15cm，叶柄长 6～30cm。

2. 叶的生长

秧苗成活后，随着主茎和分枝的生长，叶片不断发生。在生长前期和中期，由于温度较高，在同一藤蔓上平均每 2.0～2.5 天生出 1 叶，生长后期由于温度降低，出叶速度减慢。叶片出生后，经 15～20 天长到最大，叶的寿命一般

30～50 天，长的可达 80 天以上。大田生产中，随着植株的生长，单株叶数及叶面积不断增加，到茎叶生长高峰时达最大值；此后由于温度不断下降，新生叶片出生与生长减慢，老叶大量死亡，单株绿叶及叶面积不断下降，鲜重及干重减轻（表4-3）。

表 4-3 甘薯不同时期叶的生长变化

调查日期	叶面积 (cm²/株)	叶柄重（g/株）		叶片重（g/株）		全叶重（g/株）	
		鲜重	干重	鲜重	干重	鲜重	干重
6 月 12 日	445	3.8	0.3	14.0	2.2	17.8	2.5
7 月 7 日	5847	329.2	19.3	200.7	29.8	529.9	49.1
8 月 1 日	8303	517.5	28.1	241.1	35.7	758.6	63.8
8 月 26 日	6921	355.2	23.8	204.4	34.9	559.6	58.7
9 月 19 日	6502	283.9	22.6	163.2	26.1	447.1	48.7
10 月 14 日	4045	212.3	20.2	145.6	24.8	357.9	45.0

注：品种为一窝红，栽秧期 5 月 8 日。

二、甘薯生长对环境条件的要求

（一）温度及阳光

甘薯发根所需最低温度为 15℃，随着温度的上升，发根速度加快、根量增多。

块根的形成要求较高的温度，当土壤 10cm 深处平均温度 21.3～29.7℃，温度越高，块根形成越快、数量也越多。块根膨大所需的适宜地温为 22～23℃，较大的昼夜温差（12～14℃）有利于块根膨大。当温度低于 20℃ 或高于 32℃ 时，对块根膨大不利。块根耐低温能力差，如较长时间处在 9℃ 以下，就会遭受冷害，温度在 −2℃ 以下会遭受冻害。茎叶生长所需最低温度为 16℃，适宜温度为 18～30℃；温度低于 15℃ 或高于 35℃，茎叶生长停止；较长时间处于 10℃ 以下，茎叶遭受霜冻时会迅速死亡。

直射光抑制块根的形成与膨大，如果把幼根暴露在阳光下，不能形成块根；已开始膨大的块根露出地面见光，也会使薯块皮色变绿并停止膨大。

光照是茎叶生长所需的重要条件。在充足的光照条件下，薯蔓生长粗壮、节间短、分枝多、叶片厚、叶色深、机械组织发达，不但有利于光合作用的进行，而且光合产物向块根输送多，块根膨大快。

（二）氧气与水分

甘薯的收获器官是块根，根部吸收强度大、消耗氧气多，如果土壤氧气供应不足，会影响块根的形成与膨大。在土壤淹水缺氧条件下，甘薯进行无氧呼吸，严重时引起烂薯。

1. 需水量

吴旭银、张天年等研究，土壤含水量在 51％～80％ 时，甘薯蒸腾系数为 233.0，耗水系数为 297.6，每年产 1kg 鲜薯耗水 94.8kg。

2. 不同生长时期需水量

因不同生长时期气候特点及植株长势不同，对水分的需求量也不一样。生长前期因温度较低，植株生长量小，田间耗水量小；生长中期温度高，植株生长旺盛，田间耗水量大；生长后期由于温度不断下降及植株生长势不断减弱，田间耗水量又减少（表 4-4）。

表 4-4　甘薯不同生长时期田间耗水量

| 土壤相对含水量（%） | 生长前期（50 天） | | | 生长中期（50 天） | | | 生长后期（46 天） | | | 总耗水量（t/hm²） |
	耗水量（t/hm²）	占总耗水量（%）	日均耗水（t/hm²）	耗水量（t/hm²）	占总耗水量（%）	日均耗水（t/hm²）	耗水量（t/hm²）	占总耗水量（%）	日均耗水（t/hm²）	
51～60	1595.55	30.9	31.91	2198.85	42.6	43.98	1366.05	26.5	29.70	5160.45
61～70	1885.65	31.9	37.71	2471.10	41.8	49.42	1561.50	26.4	33.95	5918.25
71～80	2239.95	32.6	44.68	2764.35	40.2	55.29	1866.90	27.2	40.58	6871.20
平均	1907.05	31.9	38.14	2478.10	41.4	49.56	1598.15	26.7	34.74	5983.30

3. 不同时期对土壤水分的要求

（1）生长前期：此期甘薯处在扎根缓苗、发根、块根形成并开始膨大阶段，土壤相对含水量以 70%～80% 为宜。低于 60% 或高于 80%，对扎根缓苗、块根形成不利。

（2）生长中期：是甘薯一生生长最旺盛的时期，土壤相对含水量以 60%～70% 为宜，有利于茎叶稳长及块根膨大。含水量低于 50% 或高于 80%，对甘薯茎叶生长、块根膨大不利。如果田间积水，会使甘薯受涝，受涝薯块蒸煮不软，严重时腐烂。

（3）生长后期：此期土壤相对含水量以 60%～70% 为宜，利于茎叶缓慢回秧、块根迅速膨大。含水量低于 50%，易引起茎叶早衰；高于 80%，易引起茎叶贪青，块根淀粉含量及出干率降低。

（三）养分

1. 需肥量

每生产 1000kg 鲜薯，需从土壤吸收 N 3.93kg、P_2O_5 1.07kg、K_2O 6.20kg，其比例为 3.7：1.0：5.8。

2. 不同时期养分吸收量

甘薯各时期对氮的吸收较为平稳，对磷、钾的吸收生长中期最多（表 4-5）。

表 4-5　甘薯不同生长时期吸肥量

| 生长时期 | N | | P_2O_5 | | K_2O | |
	吸收量（kg/hm²）	占总吸收量（%）	吸收量（kg/hm²）	占总吸收量（%）	吸收量（kg/hm²）	占总吸收量（%）
生长前期（5 月 6 日—7 月 2 日）	75.15	28.7	30.00	21.8	63.60	16.30
生长中期（7 月 3 日—9 月 3 日）	88.35	33.8	91.80	66.6	257.70	66.6
生长后期（9 月 4 日—10 月 22 日）	97.95	37.5	16.05	11.6	69.00	17.7
总吸收量	261.45	100	137.85	100	390.3	100

注：鲜薯产量 80497.5kg/hm²。

（四）土壤

甘薯对土壤适应能力很强，对土壤的要求不十分严格，在一般作物不能正常生长的旱薄地上仍可获得一定产量。但要实现甘薯高产，仍需选用地势高、土层深厚、耕层疏松肥沃（土壤有机质含量 1.0% 以上，速效氮 40～60mg/kg、速效磷＞20mg/kg、速效钾＞100mg/kg）、pH5～7、含盐量＜0.2%、通气性好的壤土或沙壤土。

三、大田栽培技术

根据甘薯生长的特点，因地制宜综合运用各项栽培措施，满足甘薯生长所需的条件，协调地上茎叶与地下块根生长的关系，是夺取甘薯高产的关键。

（一）土壤准备

1. 改良土壤

根据当地薯田土质，可采取沙土掺黏土、黏土掺沙土、增施有机肥的方法，改善土壤结构。

2. 轮作倒茬

甘薯是比较耐连作的作物，但其吸肥能力强、需钾多，如长期连作会造成土壤肥力下降、养分失衡、病害加重、产量下降。因此应有计划地实行轮作倒茬。

3. 深耕

深耕能加厚活土层，疏松熟化土壤、增强土壤通气性及蓄水保墒能力，有利于块根形成与膨大。深耕时间以秋末冬初（封冻前）最好，深度以 25～30cm 为宜。

4. 做垄

起垄栽培是甘薯生产普遍采用的方式。除土壤沙性太强、陡坡地或严重干旱地块外，均适宜起垄栽培。起垄栽培可加厚活土层，改善土壤通气性，增大昼夜温差便于浇水和排涝，有利于块根的形成与膨大。

（1）垄的方式及规格。

①小垄单行：垄距 50～70cm，垄高 25～30cm，每垄台上栽秧 1 行。这种方式植株分布均匀，便于密植。但垄距较小、薯垄较矮，在低洼多雨条件下易受涝减产，在肥水过多、密植条件下茎叶容易徒长。

②大垄双行：垄距 90～120cm，垄高 30～35cm，每垄台上交错栽秧 2 行。这种方式垄大沟深，便于浇水和排涝，田间透光性好，但垄内通气性稍差。一般在地势低洼易涝、土层较薄的地块或地膜覆盖栽培时采用。

（2）做垄技术。一般在早春大地解冻后进行。做垄时先按垄距深开沟（25cm 左右），施入基肥，然后从沟的两侧向内各翻一犁，再经培土加工即成薯垄。要求开沟要深，施肥要匀，坷垃要打碎，清除作物根茬石块，垄直台面平，垄的规格符合要求，垄向一般以南北为好。

（二）施足基肥

1. 施肥量

甘薯的施肥量与土壤肥力及产量水平有关。综合各地甘薯施肥经验，当土壤中速效氮含量＜50mg/kg、速效磷含量＜20mg/kg、速效钾含量＜100mg/kg 时，施用速效氮、磷、钾肥有明显的增产效果；当土壤中速效氮含量＞70mg/kg、速效磷含量＞30mg/kg、速效钾含量＞150mg/kg 时，施速效氮、磷、钾肥增产效果甚微或无效。

在河北省中上等地力、鲜薯产量 30000～45000kg/hm² 水平下，一般每公顷需施入有机肥 3 万～4.5 万 kg，N 肥≤90kg，磷肥≤120kg，钾肥≤180kg。

2. 基肥的施用方法

高产田施肥量较大的，可采取耕前撒施与做垄沟施相结合的方法。把 1/2 的有机肥在深耕前撒施地表，然后深耕，将肥料翻于地下，其余有机肥及化肥均在做垄开沟时施入。施肥量较少的，可在做垄时集中沟施。基肥的施入深度以 25～30cm 效果较好，施用过浅，会使表层土壤溶液浓度增大，影响秧苗成活。

（三）栽秧

1. 栽秧期

甘薯收获的主产品是块根，其没有明显的成熟期，一般生长期越长，块根产量越高。适期早栽秧，可充分利用当地生产条件，延长甘薯生长期，具有明显的增产效果。春薯一般在当地终霜期过后，日平均温度稳定在 16℃、5cm 地温稳定在 17～18℃时开始栽秧。

2. 栽秧密度

一般在无霜期长、温度高、降雨量大、土壤肥沃、肥水供应充足、甘薯生长期长的地区应稀些，反之则密些；生长势强、分枝多、薯蔓长的品种应稀些，否则应密些。

河北省春薯适宜栽秧密度：高肥水条件下为 5.25 万～6.75 万株/hm²，中肥水条件下为 6.75 万～8.25 万株/hm²，低肥水条件下为 8.25 万～9.75 万株/hm²。

3. 秧苗准备

（1）秧苗分级。生产上育出的秧苗有大有小、有强有弱。栽秧前，应根据秧苗素质分级分栽，可防止大苗欺小苗、壮苗欺弱苗。生产上一般将薯苗分为 3 级。可选栽一级、二级，三级苗应淘汰。

（2）薯苗消毒。为防止薯苗带病，栽秧前要进行秧苗消毒，借助秧苗带病传播且为害较重的主要有茎线虫病、黑斑病等。

4. 栽秧方式

栽秧方式对秧苗扎根成活、发棵及生根结薯均有一定影响。河北省甘薯栽秧主要有斜栽法、船底形栽法、水平栽法、改良水平栽法等方式（图 4-5）。

（1）斜栽法。将秧苗中下部斜栽入土，深 10cm 左右，秧苗入土部位与地面呈 45°角左右。这种方式栽秧简便、秧苗入土深、成活率高；但秧苗处于适宜结薯土层的节位少、单株结薯较少。适用于苗高不足 20cm 的小苗或缺水地块。

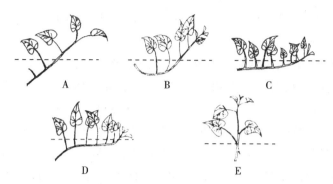

图 4-5 甘薯栽秧方式

A. 斜栽法 B. 船底形栽法 C. 水平栽法 D. 改良水平栽法 E. 直栽法

（2）船底形栽法。秧苗中部栽入土中深 6～8cm，基部向上翘起，顶部斜向上露出地面，秧苗入土部分形如船底。这种方式秧苗中部入土较深，处于适宜结薯土层的节位较多，有利于块根形成。适于无干旱威胁的地块。

（3）水平栽法。秧苗中下部平栽于 5～7cm 深的土层。这种方式秧苗入土浅，大多入土节位处于适宜结薯土层，结薯较多，但墒情较差时秧苗不易成活。适于土壤含水量高的地块。

（4）改良水平栽法。在水平栽的基础上，将秧苗基部 1～2 节垂直插入土中，有利于吸收较深层土壤水分，克服了水平栽秧苗入土浅、成活率较低的缺点，是生产上广为采用的一种栽秧方式。

此外，还有直栽法、钓钩式栽法等。

5. 栽秧技术

栽秧时，先刨埯（坑）、施埯肥（或药）、浇足水、带水栽秧，待水下渗后封埯（先埋湿土、后盖干土、湿土包苗、干土盖面），把苗扶直，地上叶片不沾泥。封埯时掌握好秧苗入土深度、入土节数（4～6 节），秧苗顶部露出地面高度（3～5cm）及叶片数（3～4片展开叶）。

（四）田间管理

1. 发根分枝结薯期

（1）生长特点：此期是甘薯扎根、缓苗、分枝发棵、结薯的时期。在分枝发生前，植株以根系建成为主、块根形成为主；分枝后，植株转入以茎叶生长为主、块根开始膨大阶段。到封垄时，纤维根系基本建成，长度可达 30～50cm；块根数基本稳定，薯块重达一生总重量的 10%～15%，茎叶鲜重达一生最大鲜重的 30%～50%，分枝数达一生总分枝数的 80%～90%，叶面积指数达 2.0～2.5。此期植株积累的干物质主要分配给茎叶，约占全株的 60% 以上。

本期田间管理的主要任务是：促进甘薯扎根缓苗、发棵、早结薯、早封垄。

（2）管理措施。

①查苗补苗：是确保全苗的一项补救措施。在栽秧后 3～5 天内进行田间检查，如发

现缺苗或死苗，立即选大苗、壮苗补栽，并确保成活。补苗时间不宜过晚，否则补栽秧苗长势弱、结薯少或不结薯。

②追肥。提苗肥：秧苗成活后地力差、基肥施用量小或基肥中未施入速效氮肥及植株生长剂的地块，要追施提苗肥。可用人粪尿 3750kg/hm² 加水 2～3 倍，也可用硫酸铵 75kg/hm²，开沟追或穴追。追肥时，应注意大苗、壮苗少追或不追，小苗、弱苗多追。

壮株肥：一般在分枝期前后追施，可促进地上部发棵快长、早封垄。追施壮株肥，应根据地力、基肥施用量及植株长势灵活掌握。一般地力差、基肥施用量少、植株生长弱的地块可适当早追或多追，反之则晚追、少追或不追。壮株肥可追施硫酸铵 150～225kg/hm²，缺磷地块可追磷酸二铵 150kg/hm²，缺钾地块可追施硫酸钾 150～225kg/hm²。追肥应结合浇水或降雨进行，采取开沟追或穴追。

③浇水。

扎根缓苗水：栽秧后，如果土壤相对含水量低于 60% 就可浇水，可促进秧苗扎根、缓苗成活及块根的形成。

发棵水：在分枝前后，当土壤相对含水量低于 60% 时浇发棵水，可促进分枝的发生与茎叶的生长，促进早封垄，还可促进块根膨大，有利于地上地下协调生长，为中期稳长打下良好基础。

④中耕培土。甘薯为块根作物，中耕培土可改善甘薯生长的土壤环境，是甘薯生长前期田间管理的主要内容。

中耕：在秧苗成活至封垄前进行，中耕次数根据土壤墒情、土壤板结程度、杂草滋生情况及植株长势灵活掌握，一般进行 3～5 次。做到地板、有杂草、浇水或降雨后必耕。中耕深度以不伤根、不伤薯为宜。

培土：甘薯多为起垄栽培，因降雨、浇水、中耕等会造成垄土下塌，使薯垄变矮、垄沟变浅，甚至露根、露薯，不利于根系的生长及块根的形成与膨大。因此，结合中耕，每次都应适当培土，使薯垄恢复到原来状态，并做到不伤根伤薯、不埋压茎叶。

2. 蔓、薯并长期

(1) 生长特点：此期是甘薯生长最旺盛的时期，茎叶生长与块根膨大几乎同时进行，但仍以茎叶生长为主。本期茎叶鲜重增长量占一生最大鲜重的 60% 以上，薯块鲜重增长量占一生总重量的 30%～40% 以上，叶面积指数达最大值（4.0～4.5）。

此期河北省正处于高温多雨季节，在肥水过多条件下，甘薯茎叶容易徒长，不利于块根的迅速膨大；在伏旱年份或肥水供应不足时，茎叶生长受阻，容易引起早衰，也影响块根的膨大。本期田间管理的主要任务是：保持茎叶稳长，防止徒长或早衰，协调茎叶生长与块根膨大的关系，促进块根迅速膨大。

(2) 管理措施。

①追肥：对地力差、基肥或前期施肥少、植株生长势弱的地块适当追肥，可促进茎叶生长，防止早衰，延长叶片功能期，促进块根迅速膨大。一般在甘薯回秧（茎叶鲜、干重开始减轻）前后，对生长后期有脱肥早衰趋势的地块，利用块根膨大在垄面出现的裂缝进

行追肥（也称裂缝肥），每公顷可用人粪尿水 7500kg 或硫酸铵 75～110kg，加水 7500kg，沿薯垄裂缝灌入。

②浇水：此期甘薯正处于生长最旺盛时期，田间耗水量大。土壤干旱会影响茎叶生长，使落叶死蔓增多，宜引起早衰，不利于块根膨大。当土壤相对含水量低于 50％时，应及时浇水。此时正值高温多雨季节，浇水时应注意天气变化，不可盲目浇水。

③排涝：甘薯怕涝，田间积水会使薯块受涝害，轻则品质变差、蒸煮不软，严重时引起腐烂。如薯块水淹 36h，坏烂率达 12％以上，而且水淹时间越长，受害也越重。因此，应及时排除田间积水。

④薯蔓管理。

提蔓：将薯蔓自地面轻轻提起，拉断蔓上的不定根，然后放回原处，保持原来生长姿态。可减少甘薯对水肥的吸收，防止蔓上不定根结薯，抑制茎叶生长，促进块根膨大。提蔓宜在封垄后茎叶盛长期进行，根据植株长势进行一两次。提蔓只能在多雨、低洼易涝、茎叶生长过旺的地块进行，茎叶长势正常或过弱、土壤干旱条件下不要提蔓。

喷药控秧：肥水供应充足、茎叶生长过旺的地块，在甘薯生长中期喷洒生长抑制剂，可抑制茎叶徒长，协调地上与地下部生长关系，提高产量。生长过旺的地块，可在封垄前后喷洒 1000 倍液的矮壮素或多效唑、0.3％的 B_9 药液。每 10 天左右一次，连续 2～3 次，每次用药液 $1125kg/hm^2$。

3. 块根盛长期

(1) 生长特点：随着温度的下降，甘薯茎叶生长日趋减弱并停止生长，茎叶鲜重、干重减轻，叶面积逐渐下降，收获时高产田降到 2％左右。由于生长后期光照充足，昼夜温差大，块根进入迅速膨大阶段，此期鲜薯增长量可达一生总重量的 50％左右。

甘薯生长后期，河北省一般晴空少雨，光照充足，白天温度高、夜间温度较低，昼夜温差较大，有利于块根迅速膨大。但在一般大田生产中，往往因后期肥水供应不足引起茎叶早衰；在降雨多的年份，高产田则因肥水过多使茎叶贪青，不利于块根迅速膨大。因此，本期田间管理的主要任务是：保持叶面积平稳下降，防止茎叶贪青或早衰，促进块根迅速膨大。

(2) 管理措施：一是追肥。甘薯生长后期，对茎叶生长势弱、土壤肥力不足的地块应进行追肥。因此期甘薯根系吸肥能力减弱，应采用叶面喷肥方式。从回秧前后开始，每 7 天喷施一次，连喷 2～3 次。可用 0.5％的尿素溶液、0.2％的磷酸二氢钾溶液或 1.0％的硫酸钾溶液，每次喷 1125～1500kg/hm^2。二是浇水。当土壤含水量低于 50％时要及时浇水，使土壤相对含水量保持在 60％～70％。

四、地膜覆盖栽培技术要点

甘薯地膜覆盖栽培是 20 世纪 80 年代以来开始应用的一项新技术，具有改善土壤结构、促进土壤养分分解、提高地温、增大土壤昼夜温差、减少土壤水分蒸发、促进植株生长、提高产量的作用。一般比露地栽培增产 30％～50％。

（一）栽秧前准备

（1）选好地、增施肥、施足底肥：选好地是实现甘薯地膜覆盖栽培增产增收的基础。应选用地势高，土壤肥沃，耕层深厚疏松，保肥、保水、通气性好的土壤。

地膜覆盖栽培甘薯，植株长势强，生长量大，产量高，需肥多，除选用肥沃土壤外，还应增施肥料，以保障养分的供应。覆膜栽培后，甘薯生长期间不便于大量追肥，应以基肥为主，可将全部或 80％ 以上的肥料作基肥施入。

（2）深耕整地：地膜覆盖栽培对深耕及整地质量要求严格，耕深直达 25～30cm，整地做到耕层细碎无坷垃，清除根茬及石块，地面要平。

（3）浇足底墒水：土壤干旱时，可在初冬或早春浇底墒水，或在做垄开沟时顺沟浇水。

（4）做垄：甘薯地膜覆盖栽培一般采取大垄双行的形式，大垄距 100～120cm（其中垄底宽 80～90cm，两大垄间隔 20～30cm），垄面宽 60cm，垄高 30～35cm。

（二）栽秧技术

（1）栽秧：覆膜后，地温上升快、温度高，栽秧期主要取决于气温。一般在当地终霜过后，日均气温稳定在 16℃ 时就可开始栽秧。栽秧时应选用一级壮秧，栽秧密度可比露地栽培低 10％～20％。覆膜前栽秧，可采用水平栽或改良水平栽方式；覆膜后栽秧，一般用直径 0.5～1.0cm，长 30cm 弧形铁钎，由膜面斜插入土，形成深 7cm，水平长 10cm 左右的隧洞，将秧苗插入洞中，对准洞口浇足水，待水下渗后，用手按秧苗入土部位的垄面，把洞封死，使秧苗与土密接，最后把秧苗入土处的膜用土封严。

（2）喷除草剂：覆膜前喷施除草剂。每公顷可用拉索 3000～3750g 或杀草丹 3750g，加水 750kg，均匀喷洒在垄面上。

（3）覆膜：喷洒除草剂后即可覆膜。覆膜有机械和人工覆膜两种方式。人工覆膜一般 3 人为一组，首先在薯垄两侧各开一条深 7～10cm 的沟，然后一人横跨薯垄在垄面上展膜（一定拉紧），垄两侧各有一人将膜边用土压入沟内（两垄间的膜边不能重叠），覆膜后在垄面上每隔 3m 左右横压一条土带（防止大风揭膜）。

（4）破膜：出苗采用先栽秧后覆膜方式的，栽秧、喷洒除草剂、覆膜后，把秧苗顶部的薄膜用手划破，将苗轻轻顺出膜外，随后用土把膜口封严。

其他田间管理措施与露地栽培基本相同。

五、收获

（1）收获期：甘薯为块根作物，无明显的成熟期。收获过早，会缩短甘薯生长期，块根产量低；但收获过晚，因低温影响，会使块根中淀粉水解，块根淀粉含量及出土率下降；当温度低于 9℃ 时，块根会遭受冷害或冻害，不利于安全贮藏。一般当日平均气温降到 15℃ 时开始收获，日均温度降到 10℃ 以上、枯霜前收获完毕。

（2）收获方法：有机械收获和人工收获两种方法，无论采用哪种方法，都应尽量减少损伤和漏收。收获种薯、贮藏薯宜在上午进行，中午在地里晾晒，精选后于当天下午运回贮藏切忌在地里过夜，以防止薯块受冷、受冻。加工淀粉或晒干用的薯块，收获后应及早加工或切干晾晒，减少存放时间，以免降低薯块出粉率、晒干率。

 复习题

1. 块根的形成与膨大各取决于哪个时期？
2. 甘薯生长需要哪些环境条件？
3. 甘薯起垄栽培有哪些好处？主要方式有哪些？
4. 怎样确定甘薯栽秧期及密度？
5. 栽秧有哪几种方式？各有哪些特点？怎样栽秧？
6. 甘薯大田生长期间划分为几个生长时期？各时期生长主要特点是什么？
7. 简述甘薯施肥、浇水技术。
8. 简述甘薯地膜覆盖栽培技术要点。
9. 如何确定甘薯收获期？

第三节　甘薯块根贮藏

一、影响块根安全贮藏的因素

（1）温度：块根安全贮藏的适宜温度为 $10 \sim 15 ℃$，低于 $9 ℃$，块根遭受冷害；低于 $-2 ℃$，块根遭受冻害；温度达 $16 ℃$ 以上，块根会萌芽，呼吸强度增大，消耗物质多，并容易遭受病菌侵染。

（2）空气湿度：贮藏期间保持一定的空气湿度，有利于减少块根水分散失，维持体内水分平衡。块根安全贮藏的空气相对湿度为 $85\% \sim 95\%$。

（3）氧气和 CO_2 浓度：充足的氧气有利于块根呼吸作用的进行，而较高的 CO_2 浓度则可抑制呼吸作用。贮藏期间，在保障块根维持正常生命活动、实现安全贮藏的前提下。应通过调节氧气和 CO_2 浓度，适当降低块根呼吸强度，减少物质消耗。块根入窖初期（薯皮伤口愈合阶段），窖内以 O_2 含量 $>18\%$，CO_2 含量 $<3\%$ 为宜；贮藏期间，空气中 O_2 含量保持在 15%、CO_2 含量保持在 5%，能有效降低块根呼吸强度，还能抑制病菌活动，利于安全贮藏。

（4）块根质量：凡是遭受水渍、冷害、冻害、病害、破伤的薯块耐贮藏性下降，引起腐烂。因此，贮藏前一定进行精选薯块，禁止以上受害薯块入窖。

二、贮藏技术

（一）贮藏方式及贮藏窖准备

河北省甘薯块根主要采取地窖贮藏。地窖贮藏具有保温保湿性好、便于管理、一次建窖多次使用、有利于安全贮藏的优点。贮藏窖的类型主要有深井窖、浅窖等。

贮薯前，先把窖内清扫干净。若用旧窖要做好灭菌消毒工作，灭菌后，窖底铺一层细沙，上面再铺 5cm 厚的秸秆，紧贴窖壁竖放 5cm 厚的秸秆，以利于通风、换气、散湿、散热。

（二）块根入窖

将已精选的薯块运入窖内存放。存放时应坚持有利于保温、散湿、散热的原则，可堆放，也可把薯块装入筐内或塑料编织袋内堆放。薯块贮藏量以占贮藏窖容积的 70%～80% 为宜。薯块放好后，在薯堆表面盖 30cm 厚的干草，以利吸湿和保温。

（三）贮藏期间的管理

（1）贮藏前期：从块根入窖到封窖。此期窖外气温较高，受外界温度影响，窖温也比较高，块根呼吸作用旺盛，释放出大量水汽、CO_2 及热量，常使窖内形成高温高湿环境，这种环境如持续时间过长，会使块根消耗大量养分，容易糠心或发芽，也易于病菌侵染和蔓延。因此，本期主要任务是通风散湿、散热、防止块根发芽。具体方法是：块根入窖后将窖温保持在 20℃左右，促进伤口愈合，7 天后打开所有窖口、通气孔，通风降温、散湿散热，当窖温自然降到 14℃时封闭窖口。

（2）贮藏中期：从封窖到翌年春季温度回升。此期经历时间长，是最寒冷的季节，受外界低温影响，窖内温度低，块根呼吸作用减弱；产生热量少，块根容易遭受冷害。因此，本期主要任务是保温防寒，防止薯块遭受冷害。具体方法是：封闭窖口前，更换覆盖在块根上的已吸湿的软草，有利于保温防寒。为了便于窖内外气体更换、防止大量冷空气涌入窖内，封闭窖口时，可将扎好的秸秆把（直径 10～15cm）放在正中。

（3）贮藏后期：从温度回升到块根出窖。在此期间，随着外界温度的不断回升，窖内温度也逐渐升高，块根呼吸作用加强，各种病菌也开始活动。而且经过较长时间的贮藏，块根耐贮藏能力下降，管理不当极易使块根发芽，遭受病害、冷害而引起腐烂。因此，本期主要任务是以稳定窖温为主，适当通风散湿散热，防止块根遭受冷害、病害、发芽或腐烂。具体方法是：当气温回升到 11℃时，打开窖口或通气孔进行通风换气，并进窖检查，如发现薯堆表层有个别薯块腐烂，要取出烂薯；如果烂薯较多，不能继续贮藏时，应及早处理。在打开窖口进窖检查前，应先通风，再将点燃蜡烛伸入窖内，若蜡烛不灭，表明窖内氧气充足，才能进窖检查。由于早春气温不稳定，应注意天气变化，做好保温、防寒工作。

 复习题

1. 甘薯安全贮藏的条件有哪些？
2. 甘薯贮藏期间如何管理？

第四节 甘薯病虫害防治技术

一、病害及其防治

甘薯病害有 30 余种，在河北省甘薯病害为害严重的有：黑斑病、茎线虫病、软腐病、病毒病等。

（一）甘薯黑斑病

黑斑病也称黑疤病、黑膏药、黑疔等。1937 年由日本传入我国。甘薯黑斑病为害严重，不仅造成死苗、烂床、烂窖，影响产量，而且病菌还能产生有毒物质，人、畜食用病薯后，会引起中毒，严重时死亡。

1. 症状

该病主要为害秧苗、茎基部及块根。秧苗及茎基部受害后，其地下白色部位产生黑色斑点，严重时茎基部和根变黑而死苗；薯块受害多在伤口或根眼上形成圆形或不规则形黑色病斑，切开薯块，可看到病部呈青黑色，并有特殊苦味，发病薯块有利于其他病菌侵入，引起烂薯。

2. 传播途径

病薯、病苗是黑斑病传播的主要途径，还可通过土壤、肥料、风雨、浇水、农具、人畜活动等传播。

3. 防治技术

（1）实行检疫。做到三查（查病薯不上床育苗、查病苗不下地、查病薯不入窖）、三防（防止引进病薯病苗、防止调出调入病苗、防止病苗在本地流动）。

（2）建立无病苗种田。选择无病地块、无病薯苗繁殖、无病种薯。

（3）培育无病壮秧。精选种薯：剔除病、虫、伤、冻薯，选优质不带病薯块育苗。温汤浸种：把种薯浸入 56～58℃温水中 2min，之后在 51～54℃温水中浸种 10min，可杀死种薯上病菌。药剂浸种：用 50% 的托布津可湿性粉剂 500 倍液或 50% 的代森铵 300～400 倍液浸种 10min，也可杀死种薯上病菌。高温育苗：种薯育苗初期，将苗床温度升高到 35～38℃，保持 4 天，可抑制黑斑病的发生。

（4）大田防治。高剪苗：在苗床上 6cm 处高剪苗，可除去容易带病的地下部位。药剂浸苗：用 50% 的多菌灵 1000 倍液浸苗基部（7～10cm）10min，可杀死病菌。轮作倒茬：与谷类、棉花等作物轮作或倒茬，间隔 3 年以上，可减轻病害发生。

（5）安全贮藏。一是贮藏窖消毒。使用旧窖时，将窖壁、窖底刮去表层 3～4cm，可除去所带病菌；硫磺熏蒸（每平方米空间用硫磺 50g，点燃后封闭 2 天）；喷洒 1% 的福尔马林溶液。二是控制窖温。贮藏期间窖温控制在 10～14℃，可抑制黑斑病菌活动。

（二）甘薯茎线虫病

茎线虫病俗称糠心病、空心病、糠裂皮等。1937 年由日本传入我国。河北省已有部分薯区发生。此病为害十分严重，一般可减产 20%～30%，严重时绝收。

1. 症状

该病主要为害薯块、秧苗、薯蔓。被害秧苗、薯蔓的内部组织呈褐白相间的疏松花瓤，表现植株矮小、发黄、茎枝易折断；被害薯块皮色发暗，内部呈白色糠心，严重时褐色干腐状，薯皮龟裂，重量减轻。

2. 传播途径

薯块、秧苗、薯蔓都可带病传播；残留在土壤、粪肥中的带病组织也可传播；另外，人、畜活动也可成为茎线虫病的传播途径。

3. 防治技术

(1) 建立无病留种地。选择 3 年以上未种过甘薯的地块，严格选用无病苗繁殖种薯。

(2) 培育无病壮秧。精选无病种薯；温汤浸种：先用清水把种薯冲洗干净，然后用 52～53℃温水浸种 10min，可杀死茎线虫（茎线虫致死水温 49℃，10min）；苗床施药：排薯前用呋喃丹或铁灭克 $6g/m^2$ 撒施床面；药剂浸苗：用 50% 的辛硫磷 300 倍液浸苗 10min。

(3) 大田防治。浇水栽秧后，用呋喃丹或铁灭克 $45kg/hm^2$ 撒施埯内，然后封埯，效果较好。

(4) 轮作倒茬。可与谷类等作物轮作倒茬，间隔 3 年以上。

(5) 清除病源。收获时，在田间搜集病薯、病蔓、集中晒干烧毁；带虫粪肥要经 50℃以上高温发酵。

(6) 加强检疫，严禁病害传播蔓延，严禁疫区病薯病苗调运，防止疫区扩大。

(三) 甘薯软腐病

甘薯软腐病是块根贮藏期间发生普遍、传播迅速、为害很大的病害。

1. 症状

薯块感病后，组织软化，表皮水渍状、淡褐色，薯皮易开裂，伤口流出黄褐色水液，带有酒味，后变酸霉味，潮湿条件下，病薯表皮密生白色毛状物，上有黑色小颗粒。

2. 传播途径

病薯、贮藏窖、苗床、气流等都可成为传播途径。

3. 防治技术

(1) 禁止冷害、破伤、病害薯块入窖贮藏。

(2) 贮薯窖灭菌消毒。旧窖壁、窖底刮新除菌，硫黄熏蒸及喷洒福尔马林灭菌。

(3) 贮藏期控制窖温 10～14℃，抑制病菌活动。

(四) 甘薯病毒病

甘薯病毒病发生非常普遍，在大田栽培条件下，几乎所有地块均可发病，一般减产 20%～30% 以上。

1. 症状

发病后，薯蔓变短、变粗，叶片变小、变黑或变黄，种性退化，产量下降。

2. 传播途径

为害甘薯的病毒种类很多，目前发现的已有 10 余种。在我国主要是羽状斑驳病毒和潜隐病毒，主要靠蚜虫、粉虱等传播。

3. 防治技术

（1）抗病育种。

（2）利用不感病的茎尖组织培养，培育脱毒苗，繁殖无毒秧苗，一般可增产 20％以上（无毒苗在大田可连用 2～3 年）。

（3）消灭传毒媒介（蚜虫、粉虱等）。

（4）加强田间管理，促进植株健壮生长，提高抗病能力。

二、虫害及其防治

为害甘薯的害虫达 100 余种，河北省发生普遍、为害较重的有甘薯天蛾及地下害虫。

甘薯天蛾主要以幼虫为害甘薯的嫩茎叶，其食量大，严重时把叶片吃光，对产量影响很大。

1. 生活习性

河北省一年发生两代，以蛹在地下 10cm 左右处越冬，成虫白天潜伏于草丛中，黄昏开始活动；喜糖蜜，具有趋光性，幼虫在 3 龄前食量小，之后大增；较为干旱的条件有利于害虫发生。

2. 防治技术

（1）除蛹。冬季、春季对薯田深耕多耙，破坏蛹的越冬环境，致其死亡。

（2）捕杀幼虫。结合田间管理捉杀幼虫。

（3）诱杀成虫。在盛蛾期利用黑光灯、糖醋毒饵诱杀成虫。

第五章　花　生

花生是重要的油料作物。花生油是我国人民的主要食用油。花生仁含油 50%、含蛋白质 30% 左右、碳水化合物 20% 左右，还含有多种矿物质和维生素等，营养价值很高。花生在工业、医药上亦有多种用途；花生榨油后的油粕含脂肪 6%～8%、蛋白质 50% 以上。花生油饼比其他油饼可消化率高，适口性好，是优良的精饲料。花生茎叶含蛋白质 12%～14%，亦是良好的饲草；花生适应性广，有较强的耐旱、耐瘠能力，在瘠薄的沙土地上种植花生可比种其他作物获得较高的产量和经济效益。花生有根瘤菌共生，能固定空气中的游离氮素。种植花生可节约氮肥，提高土壤含氮水平。发展花生生产，对于提高人民生活水平，促进农业全面发展具有重要意义。

我国花生类型繁多，品种资源十分丰富，分类方法也很多。按生育期长短分为早熟种（生育期 130 天以下）、中熟种（生育期 145 天左右）、晚熟种（生育期 160 天以上）；按种子大小分为大粒种（百仁重 80g）、中粒种（百仁重 50～80g）、小粒种（百仁重 50g 以下）；按植株形态分为直立型、半蔓生型、蔓生型三种。学术界则根据花生品种的开花型及其他综合性状，将花生分为普通型、珍珠豆型、多粒型、龙生型四大类型。

（1）普通型：我国通称为大粒种，属于交替开花型（主茎上不着生花序，侧枝的最初 1～3 个节上只长营养枝不长花序，其后几节着生花序，然后又有几节不长花序，如此交迭着生营养枝和生殖枝，称交替开花型），荚果普通型，果型大而壳厚，网纹浅或不明显，一般一荚二室。茎枝粗壮，分枝较多，常有第三次分枝。单株开花量多。普通型是我国出口大花生的主要类型，大多集中在北方大花生区和长江流域春夏花生区。一般属中晚熟。

（2）珍珠豆型：我国称为直立小花生。主要特征是连续开花（主茎与分枝上每一节都着生花序，称连续开花型，如图 5-1 所示），分枝性较弱，一般没有第三次分枝，荚果多为茧型或蜂腰形，网纹细而浅，荚果二室，种仁小而饱满，出仁率高。

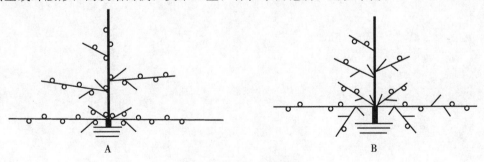

图 5-1　花生开花型模式

A. 连续开花型　　B. 交替开花型

珍珠豆型花生在我国分布广、栽培面积较大。其生育期较短，株型紧凑，结果集中，子仁饱满，在全国各花生产区栽培面积发展很快。

（3）龙生型：我国通称蔓生小粒种。其主要特征是交替开花、分枝性强。植株匍匐性强，结荚范围大，结果分散。荚果曲棍形，果嘴和龙骨明显。果壳薄，网纹深。多数荚果含种子3～4粒。龙生型花生生育期较长，由于结荚分散，果针入土较深，收刨费工，损失较多，目前种植很少。但因其抗旱、抗病、抗瘠性强，在干旱与沙滩地上仍有种植。

（4）多粒型：主要特征是连续开花。植株直立，分枝少而长。荚果串珠型，果壳厚，网纹平滑，果腰不明显，每荚一般含种子3～4粒。早熟，种子休眠期短，收获前在田间易发芽。在无霜期短的东北地区仍有种植。

除上述四大类型外，近年随着花生育种工作的广泛开展，利用类型间杂交，选育出许多具有中间性状的品种，很难归于哪一类型，暂称为中间型，如徐州68-4等。

第一节　花生的生长发育

一、生育时期

（一）播种出苗期

从播种到大田50％的幼苗出土并展开第一片真叶为播种出苗期。胚根先突破种皮向地下迅速生长，子叶下胚轴向上伸长，将子叶推向土表，子叶顶破土面见光后，下胚轴停止伸长，故花生子叶通常停留在地表附近，当第一片真叶伸出地面并展开时，为出苗。

春播花生从播种到发芽出苗，早熟品种一般10～15天，中、晚熟品种15～20天。夏播花生5～8天。

（二）幼苗期

从出苗到50％的植株第一朵花开放为幼苗期。出苗后，主茎上真叶陆续出现，到始花时，主茎上一般有7～9片真叶。整个苗期主茎高度增长很慢，到开花时，主茎高度一般4～8cm。当主茎第三片真叶展开时，子叶节分枝（即第一对侧枝）出现（指该分枝第一真叶展开），主茎第五六叶展开时，第三四侧枝相继发生，有的地方称团棵。开花时，发育较好的植株一般可有5～6条分枝（包括二次分枝）；在苗期，花生的根系基本形成，由主根、侧根、次级支根组成。根瘤也开始形成，多数着生在主根的上部和靠近主根的侧根上，但此期尚无固氮能力；当幼苗长出2～4片真叶时，花芽开始分化，团棵期是花芽大量分化的时期。此期形成的花芽多数为有效花，能发育成饱满的荚果。一个花芽从开始分化到开花，一般需20～30天。

花生苗期的长短，常随品种与环境条件的不同而发生变化。北方地区春播花生为25～35天，夏播花生为20～25天。

（三）开花下针期

从大田50％的植株开花到50％的植株下针出现鸡头状幼果为开花下针期，简称花针期。花针期的突出特点是大量开花，并随之形成大批果针。此期开花数可占总花量的 50% 或 60% 以上，形成的果针数可达子房柄总数的 30%～50%，并有相当多的果针入土。

此期根系迅速增粗、增重；主侧根上已形成大批有效根瘤，根瘤菌的固氮能力逐渐增强，除自身需要外，开始对植株逐步增加氮素营养的供应；叶片数、叶面积迅速增长，这一时期增长的叶片数可占最高叶片数的 50%～60%；此期北方地区春播花生 25～35 天，夏播早熟品种 15～20 天。

（四）结荚期

从大田 50% 的植株出现鸡头状幼果到 50% 植株上出现饱果，为结荚期。主要特点是大批果针入土发育成荚果，开花数显著减少。这一期间形成的荚果数占最后总果数的 60%～70%，甚至占 90% 以上。果重亦开始明显增加，其增长量可占最后果重的 30%～40%，有的可达 50% 以上；另一特点是营养生长进入最盛时期，并随即逐步下降、衰退。叶面积达到一生中最高值，荚果开始大量迅速形成，是花生产量形成的重要时期，也是一生中吸收肥料最多的时期。北方地区春播花生结荚期为 30～40 天。

（五）饱果成熟期

从大田 50% 的植株出现饱果到荚果饱满成熟收获，为饱果成熟期。此期营养生长逐渐停止，荚果大量增重，饱果数大量增加，生殖生长占绝对优势；营养生长逐渐衰退，主要表现在株高基本不再增长，叶面积下降，叶色逐渐变黄。根系吸收能力降低，根瘤停止固氮，此期茎叶中所含的有机营养物质大量向荚果输送。这时植株的果针数、总果数不再增加，但果重却急剧增加。此期增加的果重一般可占总果重的 50%～70% 以上，是花生荚果产量形成的主要时期。

二、果针与荚果的发育

果针与荚果是形成花生产量的主要器官。栽培过程中，应力争花多、针多、果多，产量高。为此，研究和掌握花生果针的形成、入土与荚果发育的规律，明确影响荚果发育的因素，对提高花生产量十分重要。

（一）开花与受精

花生花蕾一般在开花前一天傍晚花瓣开始膨大，次日清晨花瓣张开。花瓣开放前雄蕊花药已开裂散粉。所以花生的授粉过程一般在开花前即已完成，有的花被埋于土中。花冠并不开放，仍能完成授粉和受精。

授粉后 12h 左右即可完成受精过程。开花受精后，花冠当天下午萎蔫。

花生植株上花数很多，分布在各分枝的各个节上，以基部两对侧枝开花最多，可占总量的 80%～90%，且成果数也多，是构成产量的主体。各分枝各节上以及花序的花大体按由内向外、由下向上的顺序依次开花。整个群体开花延续时间很长，珍珠豆型早熟品种开花期 60～70 天，普通型晚熟品种 90～120 天。我国北方地区春播花生在大田条件下单株开花数 50～200 朵。

（二）果针

1. 果针的形成与伸长

花生开花受精后，子房基部的分生组织迅速分裂并伸长，开花后 4～6 天即形成明显可见的子房柄。子房柄连同位于其先端的子房合称果针。果针不断生长伸长并将子房送入土中结实。

果针有向地生长的特性，最初略呈水平生长，不久即弯曲向地，入土后达一定深度时，子房开始横卧生长，子房柄停止伸长。果针入土深度有一定范围，珍珠豆型品种入土较浅，一般 3～5cm，普通型品种为 4～7cm，龙生型中有的品种入土可达 7～10cm。沙土地入土较深，黏土地入土较浅。在果针迅速伸长期，如果条件不良或营养不足，子房中的一个胚珠（多为前室胚珠）可能败育，形成单室果。

2. 影响果针形成和入土的因素

花生的花有 30%～70% 不能形成果针。不同品种有很大差异，早熟品种花数少，成针率多在 50%～70%；而晚熟品种开花时间长，花数多，成针率为 30% 左右。前、中期开的花在温湿度条件适宜时，成针率可达 90% 以上。

（1）影响果针形成的因素。①花器发育不良。这种花只占少数，多在开花后期或异常气候条件下发生。②不能受精。果针形成的最适温度为 25～30℃，高于 30℃ 或低于 19℃，会影响受精而不能形成果针。③开花时空气湿度过低（低于 50%），成针率明显降低。此外，密度大时成针率下降，施肥情况不同或日照长短不同，成针率亦有很大差异。

（2）影响果针入土的因素。主要是果针穿透能力、土壤阻力以及果针着生位置的高低。在田间条件下，果针穿透能力与果针的长短及柔软度有关。果针离地越高，果针越长越软，入土能力越差。土壤阻力与土壤湿度和紧实度有很大关系。一般认为，土壤过干而紧实，果针常不能入土。

（三）荚果

1. 荚果发育过程

花生的果实为荚果，果壳硬，成熟后干裂，多数品种两室，也有三室以上的，各室间无横隔，有或深或浅的缩缢，俗称果腰。果的前端称果嘴或喙。根据荚果的形态特征，可将花生果形分为普通形、斧头形、葫芦形、蜂腰形、茧形、曲棍形、串珠形 7 种（图 5-2）。同一品种的荚果，由于形成先后、着生部位不同等原因，其成熟度和果重变化很大，是花生产量不稳的重要原因。

花生荚果在土中横卧而生。从子房开始膨大到荚果成熟，可分为两个阶段，即荚果膨大阶段和充实阶段。前一阶段主要表现为荚果体积急剧增大，果针入土后 7～10 天即成鸡头状幼果，10～20 天体积增长最快，20～30 天即长到最大限度。但此时荚果含水量高，果壳网纹不明显，荚壳光滑白色，子仁尚无经济价值；后一阶段荚果干重迅速增长，含油量显著提高，入土后 50～60 天，干重增长基本停止，果壳变厚变硬，网纹明显，种皮变薄，呈现品种本色。

从果针入土到荚果充分发育成熟需 50～60 天，但由于品种、荚果在植株上所处位置、茎叶供应养分强度以及外界条件的不同，荚果发育所需时间亦有所不同。

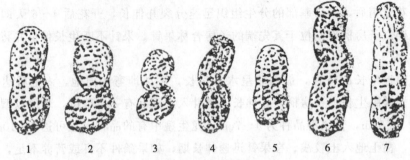

图 5-2　花生荚果果形

1.普通形　2.斧头形　3.葫芦形　4.蜂腰形　5.茧形　6.曲棍形　7.串珠形

2. 影响荚果发育的因素

花生为地上开花地下结果，荚果发育要求的条件比较特殊。据研究，花生荚果发育要求有以下几个条件。

（1）黑暗。黑暗是子房膨大的基本条件。不入土的果针只能不断伸长，子房始终不能膨大，有的入土果针子房已开始膨大，但如露出土面见光，便停止进一步发育。

（2）水分。适宜的水分是荚果发育的重要条件。当结果区干燥时，即使花生根系能吸收充足的水分，荚果也不能正常发育。

（3）氧气。花生荚果发育过程中需要氧气供应。氧气不足，荚果发育不良，特别是种子的发育受到抑制。在排水不良的土壤中，由于氧气不足，荚果发育缓慢，空果、秕果多，结果少，荚果小，而且易烂果。

（4）结果层矿质营养。入土的果针和发育初期的荚果可从土壤直接吸收无机营养。氮、磷等大量元素在结荚期虽然可以由根或茎运向荚果，但结果区缺氮或缺磷对荚果发育仍有重大影响。缺钙对花生发育影响严重，结荚期结果层缺钙使秕果增多，还会产生空果，即使根系层不缺钙也不能弥补结果层缺钙造成的影响。

（5）机械刺激。机械刺激是荚果正常发育的条件之一。

（6）温度。荚果发育所需时间及荚果发育好坏与温度有密切关系。荚果发育的适宜温度为 25～33℃。低于 15℃ 或高于 37℃ 均不利于荚果的膨大和发育。

（7）有机营养的供应情况。荚果发育好坏，取决于营养物质（主要是有机营养）的供应情况。结荚饱果期有机营养供应不足或分配不协调是荚果发育不好的基本原因之一。

 复习题

1. 花生一生可分为哪几个生育时期？各个生育时期的生育特点是什么？

2. 影响果针形成和入土的因素有哪些？

3. 花生荚果发育过程如何？

4. 简述影响花生荚果发育的因素。

第二节　花生对环境条件的要求

一、土壤

花生具有地下结果的特点，有根瘤菌共生，所以对土壤的通透性、疏松性要求较高。在通气排水良好的疏松土壤上，果针容易入土，荚果饱满，烂果少，品质好，对根系发育和根瘤菌的活动有利，而且收刨容易，损失少。生产上一般都将花生安排在地势高燥的沙土或沙壤土上种植。由于花生耐旱、耐瘠性较强，在瘠薄沙土上种植花生能比其他作物取得较好的收成，但也只能维持较低的产量水平，既不能高产，也不能稳产。所以，高产花生适宜的土壤条件应该是排水良好、土层深厚肥沃、泥沙比例适中的沙质壤土。这样的土壤既有较好的通透性、疏松不板，又有较高的蓄水蓄肥能力，抗旱力强又不易受涝。花生耐盐、耐碱性不强，pH 为 8.0 时不能发芽，一般认为，花生适宜的土壤 pH 为 6.5～7.0。

二、温度

花生不同生长发育时期对温度条件要求不同。种子萌发时要求的最低温度，珍珠豆型和多粒型早熟小花生为 12℃，普通型和龙生型晚熟大花生为 15℃，低于这一温度不能正常萌发。在不同的温度下，种子发芽所需的时间也不同，25～37℃发芽最为迅速，发芽率也高。超过 37℃发芽速度反而降低；苗期生长最低温度为 14～16℃，最适温度为平均气温 20～22℃。气温超过 25℃，可使苗期缩短，茎枝徒长，茎节拉长，不利于蹲苗。平均气温低于 19℃，茎枝分生缓慢，花芽分化减少，始花期推迟，形成小老苗；花针期以气温23～28℃时开花最多，气温低于 21℃或高于 30℃，开花数显著减少，低于 18℃或高于35℃，不利于花粉发芽和花粉管伸长，影响受精；结荚期要求的适宜气温为 25～33℃，结果层要求适宜地温为 26～34℃，低于 20℃或高于 40℃，对荚果的形成发育都有一定的影响；饱果成熟期适宜温度为日平均气温 20℃以上，低于 20℃茎枝易枯衰，叶片易脱落。当结实层日平均地温低于 18℃时，荚果停止发育。

三、水分

花生耐旱怕涝，土壤水分接近饱和时，根系吸收能力和根瘤菌的活动会受影响，使叶色发黄。开花结荚期受涝，荚果发育受严重阻碍，甚至烂针、烂果。花生的耐旱性相当强。短时期干旱，生长虽暂时受阻，一旦水分恢复正常，能很快恢复生长。但当土壤水分低于某一限度，花生种子发芽、出苗、花芽分化、果针形成、入土和荚果发育都会受到不同程度的影响。

花生的需水量因生育阶段生育状况和外界环境条件的不同而异。花生播种的适宜土壤含水量为田间最大持水量的 50%～60%。低于 40%，种子易落干，造成缺苗断垄，超过80%，则易烂种缺苗；苗期土壤水分不宜过高，苗期被认为是一生中最耐旱的阶段，适宜的土壤含水量为田间最大持水量的 50%～60%。低于 40%，根系生长受阻，幼苗生长缓慢，明显影响花芽分化。高于70％，同样根系发育不良，地上部生长瘦弱，节间伸长，结荚率降低；花针期需水量逐渐增多，适宜的土壤含水量以田间最大持水量的60％～70％为宜。低于40％，叶片停止生长，果针伸长缓慢，茎枝基部节位的果针也因土壤硬结不能入土，入土果针也停止膨大。高于80％，茎枝徒长，造成烂针烂果，根瘤固氮能力下降；开花期夜间空气相对湿度对果针的形成影响很大，空气相对湿度低于50％时，成针率极低；结荚期是植株生长旺盛期，是一生中需水最多的时期，要求的适宜土壤含水量为田间最大持水量的60％～70％。此期干旱，对开花、下针、结荚都有很大影响，最终导致产量大幅度下降。此期阴雨过多，排水不良，会引起茎蔓徒长，甚至会造成倒伏；饱果成熟期适宜的土壤含水量为田间最大持水量的50％～60％，低于40％，荚果饱满度差，出米率、含油率明显降低。超过70％，同样不利于荚果发育，轻者果壳变色、含油率降低，重者大量荚果霉烂变质，丧失经济价值。

四、光照

花生属于喜光植物，其光饱和点较高，单叶的光饱和点为5万～8万lx，但群体光饱和点相当高，即使是盛夏晴日光照强度很高时，也很难出现光饱和现象。花生的光补偿点约为800lx。

光照强度除影响花生的光合能力外，对花生的开花数也有明显的影响，开花期遮阳会使开花数明显减少，并使开花时间延迟。日照长度对花生的开花过程有明显的影响，短日照能使盛花期提前，而总花数有所减少。

五、矿质营养

花生的生长发育需要不断地从空气和土壤中吸收各种营养元素以供生根发棵和开花结果之需。花生不仅根系能够吸收营养物质，而且果针、幼果也有较强的吸收能力。

花生幼苗期生长缓慢，株丛矮小，对氮、磷、钾的需要量较少。开花期植株迅速生长，株丛增大，对养分的需要量也急剧增加，其中钾素吸收达一生中的最高蜂。结荚期是营养生长和生殖生长的最盛期，是一生中吸收养分最多的时期。荚果成熟期植株生长逐渐减慢，对养分的吸收也相应下降。

据山东省花生研究所测定，在荚果产量为4500kg/hm²时，每生产100kg荚果，约需吸收N 5.0～5.5kg、P_2O_5 0.9～1.0kg、K_2O 1.9～3.3kg、Ca 1.56～2.24kg；花生产量高于4500kg/hm²时，每生产100kg荚果所吸收的营养元素量有减少趋势。

 复习题

1. 高产花生适宜的土壤条件是怎样的？
2. 花生不同生育期对温度条件的要求如何？
3. 花生不同生育期适宜的土壤含水量是多少？
4. 如何理解"花生喜涝天，不喜涝地"？
5. 简述花生的需肥特点。

第三节 花生栽培技术

一、播前整地

土壤是花生高产稳产的基础，高产花生适宜的土壤条件是排水良好、土层深厚肥沃、泥沙比例适中的沙质壤土。但我国北方花生产区，多数种在土层薄、肥力低、水土流失严重的丘陵坡地上；平原花生产区多种在肥力低、风蚀严重、排灌条件差的冲积、风积沙滩、沙丘地上。这是花生产量低而不稳定的重要原因。所以，要提高花生产量必须通过合理深耕整地措施，创造高产土壤条件。

（1）轮作换茬：花生喜生茬。重茬花生表现棵小、叶黄、落叶早，病虫多，果少果小。在重茬地上，即使增施大量肥料，也很难获得应能达到的产量水平。实行轮作还对下茬作物有利，因此，轮作是一项经济有效的增产措施。

花生可与多种作物轮作（禾本科作物、棉花、烟草、甘薯等），但不宜与豆科作物轮作。以 2～4 年一轮为好。

（2）整修农田：在丘陵地上，应把整修水平梯田当作一切土壤改良措施的基础，同时应增施有机肥和速效化肥，以免当年减产。

（3）深耕：花生对深耕有良好的反应，在原来耕层下适当深耕，可显著增产。深耕的适宜时间以秋末冬初为好，这样能使生土冻融熟化，利于深层堡块风化和土层自然沉实，有利于积蓄冬春雨雪，缓解春旱，利于消灭越冬病虫害。深耕深度一般以 25～30cm 为宜，并非越深越好。对原来土层薄、耕层浅的地块应逐年加深，同时结合耕翻要增施农家肥料和化肥。

（4）压沙换土，调剂土质：沙性地或黏性地都不能全面满足花生高产的要求。黏性地上往往肥力较高，但通透性差，压沙改良可成为花生高产地。黏地压沙的数量以 300～450m³/hm² 为宜。压沙后的耕翻深度一般为 10～14cm，耕翻过深会降低压沙效果，耕翻过浅则使结果层正处在沙下黏土层内，反而增加烂果；沙土地可压河淤土或黏性土，一般为 400～600m³/hm²，压土后深耕，使耕作层土、沙充分混合。

二、合理施肥

（一）花生合理施肥的原则

1. 有机肥和无机肥配合施用

我国栽培花生的土壤多数质地差、结构不良、肥力较低，应施用有机肥改良土壤结构、培肥地力，再结合施用化学肥料以及时补充土壤养分。有机肥富含氮、磷、钾、钙等营养元素和大量有机质，能增加土壤团粒结构，改善土壤理化性状，并有益于增强根瘤菌的活动能力。有机肥与无机肥配合施用，可大大减少无机肥料有效养分的流失和固定，又能促进有机养分的分解，提高花生对肥料养分的当年吸收利用率。

2. 施足基肥,适当追肥

生产上如能一次施足基肥,一般可少追肥或不追肥。如果根据生长情况需要追肥,应该施用速效肥料,并掌握"苗壮轻施,弱苗重施,肥地少施,瘦地多施"的原则,适时适量追肥。

3. 前茬施肥和当茬施肥相结合

花生能较好地利用前作物残余的肥料。在中等以上肥力的花生地,前茬多施肥比当茬多施肥效果更好,相同施肥量,前茬增产效果显著。

(二) 施肥种类、数量和方法

1. 当茬施肥量

(1) 低、中产田施肥量。低、中产田土壤缺氮贫磷,产量为 3000~4500kg/hm²。施肥量要根据花生实际需肥量,采取氮、钾全施,磷素加倍的比例,即每公顷施 N 150~225kg、P_2O_5 60~90kg、K_2O 60~112.5kg。折合有机肥料 3.75 万~4.5 万 kg、碳酸氢铵 555~930kg(或硫酸铵 465~795kg,或尿素 210~345kg)、过磷酸钙 360~570kg、硫酸钾 45~135kg(或氯化钾 37.5~112.5kg,或草木灰 300~840kg)。

(2) 中、高产田施肥量。中、高产田土壤氮素水平较高,磷、钾水平相对较低,为了提高磷氮比率和维持根瘤菌的供氮水平,应根据荚果产量 6000~7500kg/hm² 的实际需肥量,采取氮减半、磷加倍和钾全量的比例,即每公顷施 N 165~207kg、P_2O_5 135~165kg、K_2O 180~240kg。折合有机肥料 6 万~7.5 万 kg、碳酸氢铵 435~555kg(或硫酸铵 375~465kg,或尿素 165~210kg)过磷酸钙 885~1080kg、硫酸钾 240~330kg(或氯化钾 195~270kg,或草木灰 1500~2070kg)。

2. 施肥种类和方法

(1) 基肥和种肥。花生基肥用量一般应占施肥总量的 80%~90%,并应以腐熟的有机肥为主,配合氮、磷、钾等化学肥料。一般是肥多撒施,肥少条施。亦可分散与集中相结合,大部分在播种前整地时作基肥撒施,留下部分结合播种集中沟施或穴施。花生播种前,种子要用根瘤菌剂拌种。此外,用 0.2%~0.3% 的钼酸铵或 0.1% 的硼酸水溶液浸种或拌种,也可以补充微量元素。

(2) 追肥。花生追肥应根据地力、基肥施用量和花生生长状况而定。在基肥不足的瘠薄沙土地上,苗期至初花期每公顷施用硫酸铵 75~120kg、过磷酸钙 150~225kg,加优质圈肥 3750kg 混合,结合锄地培土开沟条施。开花后花生对养分需要增多,这时根瘤菌已可以供氮,但磷、钙素缺乏,根据花生果针、幼果有直接吸收磷、钙的特点,可在结果层每公顷追施过磷酸钙 150~225kg、石膏粉 300~450kg,以增加结果层的磷、钙养分含量。

生育中后期可根外喷施 2%~3% 的过磷酸钙澄清液,或 0.1% 的磷酸二氢钾澄清液 1125~1500kg/hm²。每隔 7~10 天喷一次,连续 2~3 次。如花生长势偏弱,还可喷洒 1%~2% 的尿素水溶液。

三、合理密植

合理密植是花生增产的重要环节。合理密植是在个体生长发育良好的前提下使群体得到更好的发展，从而能充分利用地力、空间和光能，达到增产的目的。

1. 花生合理的种植密度范围

花生的种植密度，常因品种类型和栽培条件的不同而异。在北方花生产区，春播花生珍珠豆型肥地 10.5 万～12 万穴/hm²，薄地 15 万穴/hm² 以上；普通型直立大花生肥地 7.5 万～9 万穴/hm²，薄地 12 万～13.5 万穴/hm²；普通型蔓生大花生，肥地 6 万～7.5 万穴/hm²，薄地 10.5 万～12 万穴/hm²。每穴播种 2 粒。夏播或麦套花生，密度应比春播或单作密度加大 20%。

2. 花生行、穴距的配置

花生播种时，需合理安排行、穴距。一般直立种以行距 40cm、穴距 26～34cm 为宜；蔓生种以行距 40～50cm、穴距 34cm 为宜。薄地，行、穴距可适当缩小。

四、播种

(一) 种子准备

1. 晒果

播前充分曝晒荚果可提高种子吸水力，发芽快而整齐。一般要求在播种前选择晴天连续晒果 2～3 天，然后剥壳备播。荚果剥壳时间宜越晚越好。作种用的种子，发芽势要在 80% 以上，发芽率在 95% 以上。发芽率低于 80%，不宜作种用。

2. 分级粒选

结合种子剥壳分级粒选。分级粒选的标准应根据种子实际情况而定，一般分三级。秕粒、小粒、杂粒、破损粒、病虫粒为三级，不能作种用。余下的饱满种子按大小分为两级。

3. 浸种催芽

播种用的种子，可采用催芽、浸种、干种子播种三种方式。在温度、墒情适宜时可采用干种子直播；浸种催芽的种子出苗快而整齐，有利于解决适时早播与低温容易烂种的矛盾，达到抢墒早播的目的；催芽播种比干种子出苗早 3～5 天，而且苗齐、苗壮、长势强。

催芽以沙床法较好。方法是选择背风向阳处，用土坯建床，后墙高 65cm，前墙高 45cm，长度不限，两头各留一气眼，把过筛的干细沙倒入床内，厚 20cm，用 80～90℃ 的热水拌匀，水量以手握时手指缝滴水为宜，再按 4kg 沙、1kg 种子的比例把种子与沙拌匀，此时沙温以 30℃ 为宜。沙床上覆盖塑料薄膜和草帘，床温保持 25～30℃，待种子多数萌芽后拣芽播种。芽子不能催得太长，以刚露白尖为宜。

如不能催芽，可用温水浸种 3～4h，捞出稍凉后播种，也比干种子播种出苗好。但是，浸种催芽的种子不能播在墒情差的土壤里，以免在继续干旱的情况下造成回芽，难以出苗。

(二) 播种

1. 适期播种

花生不同品种类型种子发芽要求的最低温度不同，播种期也有差别。珍珠豆型品种要求 5cm 地温稳定在 12℃ 以上，普通型品种则要求 5cm 地温稳定在 15℃ 以上。在适期范围内，具体播种日期按当时当地的具体情况而定。如天气干旱，要抓紧时机趁墒早播，这时抢墒是主要矛盾；如有寒流袭击，可躲过寒流头，抢寒流尾播种。

2. 播种方法

北方春花生区春播的适宜播深为 5～7cm，土壤墒情好的地块，播深为 4～5cm，可并粒平放点播。播种后注意覆土，深浅要一致并适时镇压，以免播种层透风跑墒，造成种子落干缺苗。

五、田间管理

1. 查苗补种

花生播种后，常因种子质量、土壤干旱、病虫为害、低温寒流等原因造成缺苗，要及时查苗补种。查苗的时间，一般在播种后 10～15 天进行。也可在花生真叶展开前移苗补栽，补栽时要带土移栽，注意少伤根。补苗后少施些肥并灌水，促进迅速恢复生长。

2. 清棵

清棵就是在花生出苗后将花生植株周围的土扒开，使子叶出土。清棵的主要作用是"解放"第一对侧枝，使其一出生即直接受阳光照射，促使节间粗短，有利于基部二次枝的发育和基部花芽的分化；促进根系下扎，增强抗旱和吸收能力；部分清除护根杂草，减轻蚜虫为害。

清棵时间以基本齐苗时为宜。清棵过早，易使尚未出苗的幼芽落干，造成缺苗；过晚，第一对侧枝埋土时间长，影响早生快发。应将幼苗周围的土扒开，露出子叶节。一般在清棵后 15～20 天才可中耕，否则，会失去清棵的作用。

3. 中耕培土

花生中耕的作用：①疏松表土，改善表土层的水、肥、气、热状况，促进根系和根瘤发育；②清除杂草。花生地一般至少中耕 3 次。第一次在齐苗时清棵之前，中耕要浅，以免埋苗；第二次宜在清棵后 15～20 天进行，这时第一对侧枝已长出地面，要细锄、深锄，防止压枝；第三次在果针入土前或刚入土时，要浅锄细锄，不要伤针。在花生封垄大批果针入土后，通常就不再中耕。

培土的主要作用是缩短果针入土距离，使果针及早入土，并为果针入土和荚果发育提供一个疏松的土层，同时培土后行间形成垄沟，便于排水。培土应在田间刚封垄时或封垄前已有少数果针入土、大批果针即将入土之时进行。培土的方法：在锄沟上套个草圈，在锄地时深锄猛拉，将土壅于花生根茎部，使行间形成小沟。培土时应小心细致，防止松动或碰伤已入土的果针。

4. 灌溉排水

花生灌水时期及次数要根据花生生育期间雨量多少及分布情况、土壤条件以及花生各生育阶段对土壤水分的需要来确定。

北方地区春季降水不多，很容易因土壤墒情不足而造成缺苗或不能适时播种。除应积极做好整地保墒工作外，最好在冬前或早春进行贮备灌溉，以免临播前灌水降低地温或延误播期。花生苗期应加强中耕保墒，使根系层土壤相对含水量保持在 50%～60%，不低于

40%，应避免浇水；花针期和结荚期降雨量逐渐增加，但有时雨季迟来，麦收后干旱时期延长，应注意浇水防旱，当0～30cm土层相对含水量低于50%时，应及时浇水。饱果成熟期耗水量虽少，但当土壤相对含水量低于40%时，应及时轻浇润灌土壤；生育中后期，中午前后阳光强、地温高，灌水易引起烂针、烂果，灌水应在早上或傍晚进行。

花生一生中任何时期受涝都有较大影响，都应及时排水防涝。

5. 生长调节剂的选用

(1) B_9：也称比久，是人工合成的植物生长延缓剂。主要用于花生高产田的盛花期，使用浓度为0.1%～0.2%，可控制营养生长，使茎秆粗壮、节间短密、叶片变小，防止徒长倒伏，使荚果成熟饱满。应使用在生长过旺地块，一般田块不宜使用。

(2) 多效唑：又名 P_{333}，是植物生长延缓剂。多效唑与 B_9 相似，都具有抑制植株徒长、减少无效花、提高结实率和饱果率的效能。施用适期为盛花期，使用浓度为0.01%。

六、收获贮藏

1. 适时收获

花生成熟期不很明确。一般认为成熟的标志是：多数荚果已经饱满、果壳内壁呈褐色，网纹清晰，地上部植株基本停止生长，中下部叶片脱落，上部叶片转黄，茎色现黄。但一些晚熟品种或病害轻、高水肥的地块，花生茎叶始终不见衰老，收获期的确定主要依据品种生育期所需天数和气温变化并权衡收获迟早的利弊因素等全面考虑。收获过早，产量低，品质差；收获过晚，落果多，休眠期短的品种易在地里发芽，损失大。

我国北方作种用的花生一般可在寒露前开始收获，不作种用的可在10月中旬收获，而早熟种应在9月中下旬收获。

2. 安全贮藏

新收获的花生荚果含水量一般为45%～55%，为保证荚果质量，避免贮藏期受冻、霉变，收获后应及时充分晒干。使荚果含水量在10%以下，种仁含水量低于8%，才可入仓贮藏。荚果贮藏时应使温度保持在20℃以下，并以荚果存放，因空隙大、通风好，果壳本身又有一定保护作用，比剥壳后以种子存放安全得多。贮藏的方法有室内装袋垛藏、室内囤藏、室外囤藏及室内散藏等，各地应根据具体条件灵活采用。

 复习题

1. 花生重茬为什么减产？如何改进？

2. 花生合理施肥的原则是什么？如何确定花生的施肥量？

3. 不同花生品种类型的适宜种植密度是多少？

4. 花生播前应做好哪些种子处理工作？怎样确定花生的适宜播种期？

5. 清棵的主要目的是什么？如何清棵？

6. 花生中耕有哪些作用？

7. 花生成熟的标志是什么？安全贮藏应注意哪些问题？

第四节 花生病虫草害防治技术

一、病害及其防治

我国现有的花生病害有 20 多种,其中分布广、为害重的病害有根结线虫病、枯萎病、叶斑病、锈病、病毒病等。

(一) 花生根结线虫病

该病在我国各主要花生产区都有发生,以山东、河北、辽宁等省较重,被害花生一般减产 20%～30%,严重者可达 70%～80%,甚至绝收。

1. 症状

花生入土部位的根、果柄、幼果和荚果均能被线虫侵染。幼虫首先从根端侵入,根端逐渐形成纺锤状或不规则形的虫瘿,虫瘿上长出许多幼嫩根毛。经过多次反复侵染,使整个根系形成乱发似的毛须疙瘩团。幼虫侵染荚果后,在荚壳上形成疮痂状的褐色突起。受害植株矮小,茎叶发黄,底部叶片边缘枯焦,早期落叶。

2. 综合防治措施

(1) 农业防治。深耕改土,增施有机肥料;轮作倒茬,与不感病的禾本科作物玉米、谷子、小麦及薯类轮作,可大量减少土壤内虫瘿密度。收获时将带有虫瘿的植株根部集中曝晒或烧毁,减少扩散传播。

(2) 药剂防治。每公顷用 60% 的二溴乙烷乳剂 60～75kg,或 90% 的氯化苦乳剂 75kg,或 3% 的呋喃丹颗粒剂 75～112.5kg,或 5% 的铁灭克颗粒剂 30～45kg 处理土壤。方法是春耕时顺犁沟均匀施入,并立即覆土,以免挥发而降低药效。呋喃丹、铁灭克可在花生播种时沟施。

(二) 花生枯萎病

花生枯萎病是花生茎腐病、青枯病、白涓病、黑霉病、根腐病的总称。全国各产区均有发生。这些病发生的共同特点是植株茎叶凋萎枯死。

1. 症状

茎腐病使植株组织受到破坏,地上部茎叶呈水渍状病斑,严重时失水萎蔫枯死;青枯病使根端变色软腐,荚果、果柄变为褐色湿腐状,全株叶片失水萎蔫枯死;白涓病病部果柄、荚果长出白涓丝状菌丝,组织软腐,叶片枯黄而死;黑霉病真菌由茎基子叶处侵入,很快扩展覆盖基部,植株枯死;根腐病植株矮小,叶片自下而上变黄、枯落,整株死亡。

2. 防治方法

(1) 农业防治:收好、晒好和藏好种子,播种时剔除霉烂种子;与禾本科作物合理轮作;深耕改土,减少来年病源;拔除病株,防治地下害虫,及时排除田间积水;选用抗病良种。

（2）药剂防治。

①拌种。用25％或50％的多菌灵可湿性粉剂，分别按种子量的0.5％和0.3％拌种，即先将干种子用清水浸湿后，再把药粉撒上拌匀。

②浸种。用25％或50％的多菌灵可湿性粉剂，分别按种子量的1％和0.5％浸种。方法是用清水25kg加入药剂溶解混匀，倒入50kg种子浸泡24h，种子基本吸净药液后播种。

③喷雾。用25％或50％的多菌灵可湿性粉剂500或1000倍液，在发病初期喷雾。

（三）花生叶斑病

该病是全国各花生产区的普发性病害，我国有黑斑、褐斑两种病，常混合发生。重发区减产30％～50％，一般减产10％～15％。

1. 症状

黑斑病在叶面上初为针尖大小的褐点，后扩大为直径为1～5mm病斑，初为褐色，后变黑色；褐斑病初期与黑斑病相同，后期为直径4-10mm的褐色病斑。

2. 防治方法

（1）农业防治。清除病残体，将病株残枝落叶收集集中销毁，轮作换茬，选用高产、耐病品种。

（2）药剂防治。发病初期可喷多菌灵（方法同前），或75％的百菌清600～800倍液。每隔10～15天一次，连续2～3次。

（四）花生锈病

花生锈病是暴发性病害，近年山东、河北、辽宁、河南等地流行。感病后花生提早落叶，重者枯叶、死株、烂果、落果，造成减产达50％以上，一般减产15％～20％。

1. 症状

该病主要侵染叶片。发病初期，叶面呈现黄色小点，以后叶背病斑逐渐变为黄褐色，中央突起，表皮破裂，散出铁锈色粉末。

2. 防治方法

目前防治锈病主要靠田间喷药。在发病初期病株率达到15％～30％或近地面叶片有2～3个病斑时，应立即喷药，每隔8～10天一次，连续2～3次。常用药剂有波尔多液（硫酸铜∶石灰∶水＝1∶2∶200）750～900kg/hm²，95％的敌锈钠600倍液，80％的代森锰锌600倍液，75％的百菌清500～600倍液，胶体硫150倍液喷雾。

（五）花生病毒病

我国发生的花生病毒病有花叶病、丛枝病和矮化病三种。花叶病、矮化病主要发生在我国北方花生产区，丛枝病发生在南方产区。

1. 症状

花叶病发病初期，顶部嫩叶出现黄绿相嵌的不规则的色斑，随着生长，老叶病斑扩大成条斑；矮化病在开花始期田间出现病株，表现为茎节间变短、叶小色绿、不结果。

2. 防治方法

适时播种；防治蚜虫和叶蝉等虫害，控制传播途径；选用良种；加强田间管理，促进植株健壮生长。

二、虫害及其防治

(一) 地下害虫

1. 为害特点

为害花生的地下害虫主要有蛴螬、蝼蛄、金针虫、地老虎、种蝇、网目拟地甲等。

蛴螬是我国北方花生产区的暴发性害虫。幼苗期成虫咬食茎叶造成缺苗断垄，结荚饱果期幼虫啃食根、果，造成花生大片死亡和荚果空壳；蝼蛄为害春播和夏播花生幼苗，造成缺苗断垄；金针虫主要钻食花生胚根、幼果和荚果，造成缺苗和烂果；地老虎主要为害花生幼苗，咬食切断幼苗，造成缺苗断垄；种蝇幼虫钻入花生种子，蛀食子叶和胚芽，使种子不能发芽而腐烂，有的亦能钻入幼茎内为害；网目拟地甲幼虫为害花生幼苗。

2. 防治方法

花生地下害虫种类多、分布广、食性杂。应掌握虫情，采取相应措施，及时防治。主要防治方法如下。

(1) 药剂拌种。用 50% 的辛硫磷 50g 拌种子 25kg；或每公顷用 50% 的氯丹乳剂 0.5kg；加水 15~25kg，拌种子 150~250kg；或用 25% 的七氯乳剂 0.5kg 加水 12~15kg，拌种子 100~200kg。

(2) 撒毒土。每公顷用 20% 的灵丹粉 0.5kg 加细土 25~30kg，或 50% 的辛硫磷颗粒剂 2.5~3kg 加细土 25~30kg，配成毒土，撒于播种沟内，或在苗期顺垄撒于植株基部。

(3) 喷粉、喷雾。每公顷用 2.5% 的敌百虫粉 37.5~45kg 或 5% 的黏虫散 22.5~30kg，对防治地老虎有明显效果。

金龟甲发生期，可用 50% 的久效磷、50% 的马拉松、50% 辛硫磷、40% 的氧化乐果等 800~1000 倍液喷雾。

(4) 灌注药液法。用 50% 的辛硫磷乳剂 800~1000 倍液，或 50% 的 1605 的 1500 倍液，或 50% 敌敌畏乳剂 400~500 倍液，在植株附近灌注，对防治蛴螬、金针虫、网目拟地甲、种蝇等均有良好效果。

(5) 捕杀、诱杀。耕地期间，可拣拾蛴螬、蝼蛄等害虫，利用蛴螬成虫的趋光性用灯光诱杀，根据植株被害状捕杀地老虎幼虫。

(二) 花生蚜虫

花生蚜虫为首蓿蚜。受害后可减产 20%~30%，严重的可达 50%~60% 甚至绝产。

1. 为害情况

早春花生顶土尚未出苗时，蚜虫钻入土缝在幼嫩枝芽上为害；出苗后多在顶端幼嫩心叶的背面刺吸汁液；始花后多聚集在花萼管和果针上为害，使植株矮小，叶片卷缩，严重影响开花下针和正常结实。蚜虫还是花生病毒病的重要传播媒介。

2. 防治方法

当蚜墩率 30％以上时应立即防治。

（1）生物控制。1 只瓢虫的成虫 1 天内可捕食蚜虫 80～150 头，1 头食蚜虻 1 天可捕食蚜虫 80～100 头。若瓢蚜比为 1：150 时则不用防治。

（2）喷雾防治。用 40％的氧化乐果 1500 倍液，或 40％的久效磷 2000 倍液，或 50％的辛硫磷 1500～2000 倍液，或 50％的抗蚜畏可湿性粉剂 3000 倍液喷雾，均有良好效果。

（三）棉铃虫

1. 为害情况

棉铃虫幼龄期主要在早晨和傍晚钻食花生心叶和花蕾，影响花生发株增叶和开花受精，老龄期白天和夜间大量啃食叶片和花朵。

2. 防治方法

当百墩卵、虫 30 粒（头）以上即可防治。

（1）药剂控制。用 50％的久效磷，或 50％的辛硫磷，或 50％的磷胺乳剂 1500 倍液喷雾。

（2）诱杀成虫。取长 30～40cm 的杨柳枝，每 4～5 支捆成 1 把，每公顷用 150 把，插在田间，每天早晨查蛾捕杀。每隔 5～6 天换一次。

（3）农业措施。精耕细作，清除田边杂草，冬季深耕深翻，浇冻水，消灭越冬蛹。

（四）斜纹夜蛾

1. 为害情况

斜纹夜蛾在全国各花生产区均有发生。以幼虫取食花生叶片、嫩茎、花、子房和荚果。此虫群集为害，点片发生，可点片防治。

2. 防治方法

防治斜纹夜蛾应在 3 龄前进行。此时虫体小，抗药力弱，防治效果好。

（1）药剂防治。3 龄前幼虫，可用 2.5％的敌白虫粉 22.5～30kg/hm² 喷粉。4 龄后的老熟幼虫可用 50％的敌百虫 600 倍液喷雾防治。

（2）诱杀。在成虫盛发期，可用黑光灯、糖醋液、杨树枝把放入田间诱杀。

（3）人工捕杀。利用 3 龄前幼虫的假死性，在早、晚震落幼虫捕杀。

三、田间杂草及防除

（一）花生田间主要杂草

（1）马唐：为禾本科一年生杂草。北方花生产区春季 3—4 月发芽出土，生长快、繁殖力强，影响花生生根发棵和开花结果，可造成大幅度减产。可用扑草净、都尔、甲草胺等化学除草剂防除。

（2）蟋蟀草：为禾本科一年生杂草，是我国北方的主要旱地杂草之一。每年春季发芽出苗，夏季开花结子。根系发达，很难拔除。可用甲草胺、扑草净防除。

（3）狗尾草：为禾本科一年生杂草。可用甲草胺、乙草胺、都尔等防除。

（4）白茅：为禾本科多年生根茎类杂草。有长匍匐根状茎横卧地下，蔓延很广。可用恶草灵加大药量防除。

（5）马齿苋：为马齿苋科一年生肉质草本植物。可用乙草胺、西草净等防除。

（6）野苋菜：为一年生肉质野菜。每年 4—5 月发芽出土，7—8 月开花，9 月结子，植株高大。地膜覆盖时喷施西草净、恶草灵和乙草胺防除效果较好。

（7）藜：为双子叶一年生阔叶杂草。4—5 月发芽出土，8—9 月结子。应及时用乙草胺、西草净和恶草灵防除。

（8）铁苋头：为大戟科一年生双子叶杂草，是旱地花生分布较广的杂草之一。3—4 月发芽出土，是棉铃虫、红蜘蛛、蚜虫的中间寄主。在春季应及早进行化学防除。可用乙草胺、西草净防除。

（9）大蓟和小蓟：为菊科多年生杂草。遍布北方旱作区。也是蚜虫传播的中间寄主植物。可用乙草胺、西草净、恶草灵等防除。

（10）香附子：为莎草科多年旱生杂草。可用西草净和扑草净防除。

（二）花生田常用化学除草剂

（1）甲草胺：又名拉索，为 43％和 48％的乳剂，是花生芽前选择性除草剂，对马唐、狗尾草等单子叶杂草防治效果较好，对野苋、藜等双子叶杂草防治效果稍差。

甲草胺应在花生播种出苗前施用，其杀草效果覆膜好于露栽。每公顷用药量：覆膜为 1650ml，露地栽为 3000ml。

（2）乙草胺：为 50％的乳油制剂，为旱田选择性芽前除草剂。主要杀除马唐、稗草、狗尾草、蟋蟀草、野黍等一年生禾本科杂草，对野苋菜、马齿苋等双子叶杂草防治效果很好，但对多年生杂草低效或无效。

于花生播种后出苗前喷施于地面，覆膜比露栽防治效果好。用药量：覆膜 750～1500ml，露地栽培 2250～3000ml，均兑水 750～1125kg。

（3）西草净：为 25％的可湿性粉剂，是花生芽前选择性除草剂，对双子叶杂草防治效果很好。于花生播种后出苗前施用，可撒药土，也可喷药液。每公顷药量春播 2.25～3kg，夏直播 1.5～2kg。露栽用量多些，覆膜用量少些。

（4）扑草净：为 50％的可湿性白色粉剂。主要防除马唐、稗草、牛毛草、鸭舌草等一年生单子叶杂草和马齿苋等一年生双子叶恶性杂草。

用药量为 2250～3750g/hm^2。施用方法：露栽毒土法，将每公顷用药量对入含水 25％左右的过筛细沙土 225～300kg，于花生播种覆土后出苗前均匀撒于地面；覆膜毒液法，将每公顷用药量兑水 750～1125kg，充分搅拌，于花生播种后均匀喷于地面，随即覆膜。

（5）恶草灵：又名农思他，为 12％和 25％的乳油制剂。对马唐、狗尾草、野苋菜、藜、铁苋头等都有较好的防治效果。如土壤湿度条件好，可加大用药量，对白茅草和节节草等多年生恶性杂草也有很好的防除效果。

于花生播种后出苗前施用，一般不在芽后施用。用药量：12％的恶草灵乳油 2250～

2625ml/hm²，或 25％的恶草灵乳油 1500～2250ml/hm²，兑水 750～1125kg，于花生播后均匀喷于地面。

（6）都尔：又名屠莠胺、异丙甲草胺。为 72％的乳油制剂。于花生播种后、覆膜前地面喷施，用药量为 1500～2250ml/hm²，兑水 750～1125kg。

 复习题

1. 花生主要有哪几种病害？如何防治？

2. 你家乡的花生病害有哪几种？发病面积和为害程度如何？

3. 花生主要有哪些虫害？怎样防治？

4. 花生田有哪些恶性杂草？采取什么除草剂防除效果好？怎样正确使用化学除草剂？

8) Jamornman S. *CCT method of mixed bacteria 1500-30000/ 60g*(4)/ x. 35. p. 456-1125Sc. 1-CR(-) 黑腐病
以 94 3 光谱。

6) 影色分光光度元素表弼,重庆,吴阳(95,"五川)04(%)分光光度分. 3 - 5元素分析分化
1234c,作仪为 1600c. 3200/3200/1.1/... 美州。

第六章 大　豆

第一节　概述

一、大豆的栽培简史

大豆属于豆科，大豆属，别名黄豆。大豆原产于我国，据推算，我国种植大豆已有 4700 多年的历史。欧美各国栽培大豆的历史很短，大约在 19 世纪后期才由我国传去。20 世纪 30 年代，大豆栽培已遍及世界各国。外国所种植的大豆都是直接或间接地从我国引种栽培的。

二、大豆生产的重要意义

大豆是重要的食用兼油用作物，我国常年种植面积为 900 万 hm^2 以上，在粮食作物中仅次玉米、水稻、小麦，而居第 4 位，在油料作物中则居首位。

大豆营养价值很高。籽粒中含脂肪 20% 左右，蛋白质 40% 左右，碳水化合物 30% 左右，以及多种维生素和矿物质等。大豆所含的蛋白质不仅数量多，而且质量好，容易消化，是人类植物性蛋白质的重要来源。大豆蛋白中含有人体必需的 8 种氨基酸，尤其是赖氨酸含量居多，大豆蛋白质是"全价蛋白"。近代医学研究表明，豆油不含胆固醇，吃豆油可预防血管动脉硬化。大豆含丰富的维生素 B_1、维生素 B_2、烟酸，可预防由于缺乏维生素、烟酸引起的癞皮病、糙皮病、舌炎、唇炎、口角炎等。大豆的碳水化合物主要是乳糖、蔗糖和纤维素，淀粉含量极小，是糖尿病患者的理想食品。大豆还富含多种人体所需的矿物质。

大豆是我国的主要油料作物之一，它与花生、油菜、芝麻并列为我国四大油料作物，是我国北方，特别是东北地区的主要食用油。

大豆是重要的食品工业原料，可加工成大豆粉、组织蛋白、浓缩蛋白、分离蛋白。大豆蛋白已广泛应用于面食品、烘烤食品、儿童食品、保健食品、调味食品、冷饮食品、快餐食品、肉灌食品等的生产。大豆还是制作油漆、印刷油墨、甘油、人造羊毛、人造纤维、电木、胶合板、胶卷、脂肪酸等工业产品的原料。医药上亦可制卵磷脂、激素、维生素、高级蛋白质等。目前我国对大豆综合利用的研究，正在广泛深入地进行。随着科学技术的发展，它将进一步增加我国社会财富，促进工业发展，丰富人民生活。

大豆的茎秆、荚皮以及加工的豆饼是良好的饲料，随着养猪、养鸡等畜牧业的发展，大豆作为饲料的用途将越来越重要。豆饼是营养价值很高的精饲料。豆饼含蛋白质

42.7%～45.3%，脂肪 2.1%～7.2%，碳水化合物 22.4%～29.0%，纤维素 4.8%～
5.8%。豆饼蛋白质特别适宜作为猪和家禽的配合饲料。因为猪和家禽等单胃牲畜不能大量
利用纤维素，豆饼蛋白质的可消化率一般较玉米、高粱、燕麦高 26%～28%，易被牲畜吸收
利用。每千克大豆饲料单位为 1.4，玉米为 1.17，燕麦为 1.01，小米为 1.19，豆饼为 1.3。
大豆秸含粗蛋白质 5.7%，可消化率 2.3%，饲料单位 0.32，其营养成分高于麦秆、稻草、
谷糠等，是牛羊的好饲料。豆秸磨碎后可喂猪。绿色的大豆植株可作青饲、青贮饲料或直接
放牧。青刈大豆的营养价值不亚于苜蓿。但是在我国实际上用作青饲的面积还很小。

在农业生产上，大豆也是培养地力的重要作物。大豆的根部着生大量的根瘤，根瘤里
的根瘤菌能固定空气中的游离氮素，据测定，1hm² 大豆固定的氮素相当于 225～270kg 硫
酸铵。其中一部分氮素直接供给大豆吸收利用，另一部分仍留在土壤中，为土壤积累丰富
的养分。因此，大豆在轮作中占有很重要的地位，是非常好的养地作物。

大豆是我国的传统出口农产品。我国大豆历来在国际市场上深受欢迎，尤其是东北大
豆更享有盛誉。

三、大豆的分布与区划

(一) 大豆的分布

目前世界上大豆种植已遍及 50 多个国家和地区，主产国有中国、美国、巴西和阿根
廷等。大豆在我国分布很广，东起海滨，西至新疆，南起海南，北至黑龙江，除个别海拔
极高的寒冷地区以外均有种植。全年大于 10℃积温在 1900℃以上，年降水量在 250mm 以
上的地区均可种植大豆。

我国大豆生产最集中的地点，在东北为松嫩辽平原和三江平原，在黄淮海流域则为黄
淮平原，其次较为集中的产区为华北的海河平原、黄河中游的晋陕边界和河套灌区；在南
方有长江下游的沿江地区、鄱阳湖平原、浙北平原、湖北江汉平原、四川沿江地区、闽粤
沿海地区、台湾台西平原等。产量最多的省份为黑龙江、安徽、内蒙古、河南、吉林、江
苏、四川、河北、山东、辽宁等 10 个省、自治区。

(二) 大豆的区划

按照大豆生产的气候自然条件、耕作栽培制度、品种生态类型、发展的历史、分布和
范围的异同，对我国大豆区域采取了两级制划分：第一级以主要作物的熟制，将全国划分
为 5 个大区；第二级为大区内地域上较大的自然条件差别划分为 7 个亚区，依此看出大豆
在全国生产上的概貌。

(1) 北方春大豆区：包括黑龙江、吉林、辽宁、内蒙古、宁夏、新疆等省（区）及河
北、山西、陕西、甘肃等省北部，该区分 3 个亚区，其中东北春大豆亚区为重要内、外销
生产基地。

(2) 黄淮海流域夏大豆区：华北冬小麦生产区域，该区分 2 个亚区。

冀晋中部春夏大豆亚区：包括河北长城以南，石家庄、天津一线以北，陕西省中部和
东南部。播种面积在 20 万 hm² 左右。6 月中下旬播种，9 月中下旬收获。品种生育期90～

150 天，大部分以无限和亚有限结荚习性为主，种皮有黄、青、茶、黑等色，主栽品种有通州黑豆、晋豆 2 号、太谷早等。

黄淮海流域夏大豆亚区：包括石家庄、天津一线以南，山东省、河南省大部、江苏省洪泽湖和安徽省淮河以北、山西省西南部、陕西省关中地区、甘肃省天水地区。播种面积占全国大豆播种面积 30%，产量占全国大豆产量的 30%以上。

（3）长江流域春夏大豆区：包括黄淮海夏大豆区的南沿长江各省份及西南云贵高原。

（4）东南春夏秋大豆区：包括浙江省南部，福建和江西两省，台湾地区，湖南、广东、广西的大部。

（5）华南四季大豆区：包括广东、广西、云南的南部边缘和福建的南端。播种面积占全国大豆播种面积的 2%以下。

四、大豆生产概况

20 世纪初，中国的大豆开始进入国际市场，与茶、丝同为三大出口名产。在 20 世纪 50 年代以前，无论从种植面积，产量与出口量，中国都居世界之首，我国大豆产量在 1936 年达 1130 万 t，总产量与出口量占世界的 80%～90%，遥遥领先于其他国家。但到 20 世纪 50 年代以后，美国（1952 年）、巴西（1970 年）、阿根廷（1999 年）相继超过了中国，使我国大豆生产居世界第四位。

1995 年，我国首次成为大豆净进口国，而且随着人们对大豆需求量不断增加，大豆加工业的飞快发展，进口大豆及其制品的数量将日趋加大，2003 年进口大豆 2074 万 t，为国产大豆 1640 万 t 的 1.46 倍，2008 年中国消费大豆 5394 万 t，占世界大豆总产的 23%，其中国产大豆 1650.56 万 t，仅占我国消费总量的 30.6%，自给率不足 1/3（表 6-1）。

表 6-1　2000 年以来全国与河北省大豆生产情况

年份	全国			河北省			
	面积（万 hm²）	总产（万 t）	单产（kg/hm²）	面积（万 hm²）	面积占全国比例（%）	总产（万 t）	单产（kg/hm²）
2000	930.6	1541.1	1655.9	42.37	4.55	62.9	1484.5
2001	948.2	1540.7	1624.9	37.92	4.00	56.3	1484.7
2002	871.9	1650.7	1893.1	33.13	3.80	49.4	1491.1
2003	931.3	1539.4	1653.0	28.05	3.01	46.4	1654.2
2004	958.9	1740.4	1815.0	27.43	2.86	44.3	1615.0
2005	959.1	1634.8	1704.5	25.49	2.66	42.4	1663.4
2006	928.0	1596.7	1720.6	23.80	2.56	44.6	1874.0
2007	875.4	1272.5	1453.5	18.85	2.15	36.4	1930.5
2008	965.0	1650.6	1710.4				

资料来源：中国种植业信息网。

在我国大豆产业停滞不前的时候，大豆的营养价值和其他保健功能逐步为世界各国所认识。从 20 世纪 60 年代开始，世界大豆产量猛增。1949 年，世界大豆总产量为 1240 万 t，到 1979 年上升到 9410 万 t，增加了约 6.6 倍。2008 年度世界大豆产量约为 23800 万 t，是 1949 年的 19.2 倍。世界各国都通过制定政策来鼓励发展大豆生产。

河北省在历史上是全国大豆主要产区之一。20 世纪 50 年代以前，历年种植面积大体在 66.67 万 hm²，在全国占第四位，1974 年面积达到 86.43 万 hm²，是河北省自建国至今历史最高水平。以后面积逐年下降，到 20 世纪 70 年代末下降到 20 万 hm²。1980 年以后，面积逐步回升，1992 年前基本稳定在 40 万 hm² 左右，1993 年，面积突增到 62.78 万 hm²，此后由于种植结构调整，畜牧养殖业和玉米加工业的迅猛发展，河北省大豆生产又进入面积和总产量的下降期。2008 年全国大豆面积比上年增加了 10%，而河北省则减少了 0.44%。

河北省大豆生产存在的问题主要是：播种质量粗糙，缺苗断垄；种植密度不合理；施肥不科学；防治病虫不彻底；管理粗放。生产上如能克服这些问题，进一步采用新的栽培措施，将会有大幅度的增产。

河北省大豆分春播和夏播两类，保定以南地区为夏播大豆区。夏播大豆处于温度高、雨水充足时期，如栽培管理得当，单产潜力很大。因此，大力提倡扩种夏播大豆。河北省北部地区主要种植春播大豆，单产较高。

五、2008—2015 年全国大豆区域布局规划

大豆是我国进口量最大的农产品。2004 年以来，我国大豆产量连年下降，进口急剧增加，目前对外依存度已超过 60%。亟须明确市场定位，提高比较效益和单产水平，增强市场竞争力。

（1）区域布局：着力建设东北高油大豆、东北中南部兼用大豆和黄淮海高蛋白大豆 3 个优势区。

（2）主攻方向：①积极恢复和扩大种植面积。全面贯彻落实国家恢复油料生产的各项政策措施，充分发挥我国大豆非转基因、绿色、无污染的优势，重点扩大东北大豆玉米轮作面积，发展黄淮海间套复种面积。②着力提高单产水平。加强农田基础设施建设，强化优良新品种的选育推广，普及应用机械化栽培和收获技术，努力提高大豆综合生产能力。③提升组织化和社会化服务水平。发展壮大大豆产销组织，引导加工企业与原料生产基地建立密切联系，努力发展订单生产，逐步改变大豆加工企业和产区脱节的状况。

（3）发展目标：到 2015 年，优势区大豆种植面积达到 652 万 hm²，占我国大豆总种植面积的 67.4%，比 2005—2007 年 3 年平均增加 53 万 hm²，其中，含油率 21% 以上的高油大豆面积达到 60% 以上，蛋白质含量 45% 以上的高蛋白大豆面积达到 30%；产量达到 1579 万 t，占全国的比重达到 72.6%；平均单产达到 2415kg/hm²，比 2007 年提高 960kg。

第二节　大豆的一生

一、大豆的生育期和生育时期

大豆从出苗到成熟为生育期。根据大豆生育长短，在本地区可划分为若干熟期类型。北方春大豆区分为极早熟（125 天以内）、早熟（126～135 天）、中熟（136～145 天）、晚熟（146～155 天）和极晚熟（156 天以上）五种类型，黄淮流域夏大豆区则分为早、中、晚熟三种类型。早熟种生育期在 95 天以下；中熟种生育期在 95～110 天；晚熟种生育期在 110 天以上。

在全生育期中，又可分为幼苗期、分枝期、开花期、结荚期、鼓粒期、成熟期等 6 个生育时期。根据器官出现和生育特点不同，可划分为幼苗生长、开花结荚、鼓粒成熟 3 个生育阶段。自出苗至始花是营养生长为主的阶段；始花至终花是营养生长与生殖生长并进阶段；终花到成熟是生殖生长为主的阶段。

二、大豆的生长发育

（一）种子萌发与出苗

1. 种子的形态

栽培的大豆种子多为圆形和椭圆形。种子大小通常以百粒重表示。百粒重 5g 以下为极小粒种，5～9.9g 为小粒种，10～14.9g 为中小粒种，15～19.9g 为中粒种，20～24.9g 为中大粒种，25～29.9g 为大粒种，30g 以上特大粒种。大豆种皮颜色一般分为黄、青、褐、黑及双色五种。以黄大豆的经济价值较高。

大豆种子的寿命一般为 2～3 年，寿命的长短与储藏期间的温度和湿度关系极大。发芽率易受高温多湿影响而降低。

2. 种子萌发与出苗的过程

大豆播种后，正常的具有发芽能力的种子，在适宜条件下，种子内部储藏的营养物质在酶的作用下，转变为可溶性物质输往胚根、胚芽，供种子萌发出苗用。出苗时，首先胚根从珠孔伸出，当胚根与种子等长时称为发芽。胚根继续下扎形成幼根。接着胚轴伸长，将子叶和胚芽送出地面，当子叶展开时为出苗。子叶出土见光，由黄变绿，开始进行光合作用。

3. 影响种子萌发出苗的外界因素

（1）水分。种子萌动时需吸收相当于本身重量的 1.2～1.4 倍的水分才能发芽。种子萌发适宜的土壤持水量为 50%～60%，低于 30% 则严重缺苗。大豆种子发芽需水多少与种子大小有关，大粒种子需水较多，一般宜于雨量充沛地区栽培；小粒种子需水较少，干旱情况下选芽较大粒种为优。适于干旱地区种植。

（2）温度。种子发芽最低温度为 6～7℃，但极为缓慢，12～14℃能正常发芽，最适宜的温度是 20～25℃，最高温度为 35℃。

（3）氧气。充足的氧气，可以提高种子的呼吸强度，促进种子内养分转化。

（二）器官生长与分化

1. 根系与根瘤

（1）根系。大豆的根系属于直根系，它由主根、侧根和根毛组成。主根入土深度可达 60～80cm。侧根在发芽后 3～7 天出现，根的生长一直延续到地上部分不再增长为止。大豆根系发达，根量的 80％集中在 5～20cm 土层内。

（2）根瘤。主根和侧根上生有较多的根瘤，主要分布在 20cm 以上的土层中。根瘤丛生或单生，呈球状，坚硬，色泽鲜润，微带淡红色。当大豆幼苗时期，生存在土壤里的根瘤菌，即从大豆根毛尖端侵入，直达根的表层，由于一部分厚壁细胞受到刺激，便分裂产生新的细胞，膨大向外突出，形成根瘤（图 6-1）。夏播大豆地区由于播种后气温较高，在良好土壤结构条件下，一般在出苗后 3～4 天就有根瘤形成；而春播大豆要在出苗后三出复叶形成时，才有根瘤形成。

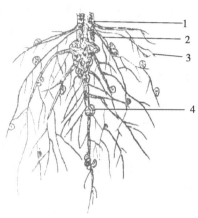

图 6-1　大豆的根
1. 主根　2. 侧根　3. 须根　4. 根瘤

根瘤菌最初侵入大豆根部时为寄生关系，待根瘤形成后才开始转变为营养共生关系。大豆的光合产物及其他养分，经由根部维管束的两条侧维管束输入根瘤里，维持根瘤菌生长繁殖的需要，反过来，根瘤菌固定空气中的游离氮素，除自身需要外，将多余部分供给大豆生长发育，这就是大豆与根瘤菌的共生关系。

据测定，一季大豆根瘤菌所固定的氮数量为 6.75kg/hm²。这一数量为一季大豆需氮量的 59.64％。一般来说，根瘤菌所固定的氮 50％～70％供大豆吸收利用，占大豆一生需氮量的 1/2～1/4。大豆不同时期根瘤的固氮能力不同。大豆生育初期固氮量低，随着植株的生长，固氮量不断增加，开花后急剧增加，盛花期、结荚到鼓粒期达到高峰期，此阶段固氮量占总固氮量的 80％左右，以后很快下降。到大豆成熟期，根瘤老化而停止固氮。根瘤的形成和固氮作用受多种因素影响。充足的光照、适宜的温度和水分、良好的土壤结构及早期施磷等均有利于结瘤和固氮。另外，钼对共生固氮必不可少。早期施用过多的速效氮肥会明显抑制结瘤和固氮作用。

2. 茎的生长

大豆的茎包括主茎和分枝。在营养生长期间，茎尖形成叶原基和腋芽，一些腋芽后来长成主茎上的第一级分枝。第二级分枝比较少见。大豆栽培品种有明显的主茎，主茎的高度一般在 50～100cm，矮者只有 30cm，高者可达 150cm。茎粗变化也较大，其直径在 6～15mm。主茎一般具有 12～20 节，但有的晚熟品种有 25 节，有的早熟品种仅有 8～9 节。

大豆幼茎有绿色和紫色两种，绿茎开白花，紫茎开紫花。茎上生有茸毛，灰白色，茸毛多少和长短因品种而异。

按主茎生长形态，大豆可分为蔓生型、半蔓生型、直立型。栽培品种大多属于直立型。

大豆主茎基部节的腋芽常分化为分枝，多者可达 10 个以上，少者 1～2 个或不分枝。分枝与主茎所成角度的大小，分枝的多少及强弱，决定着大豆栽培品种的株型。按分枝的多少、强弱，又将株型分为主茎型、中间型、分枝型三种。

3. 叶的生长

大豆叶有子叶、单叶、复叶之分。在出苗后 10～15 天内，子叶所储藏的营养物质和自身的光合产物对幼苗生长是很重要的。子叶展开后 3 天，随着上胚轴伸长，第二节上先出现 2 片对生单叶，以后在节上陆续生出互生的三出复叶。大豆小叶的形状可分为椭圆形、卵圆形、披针形和心脏形等。叶形狭小的品种，一般抗旱力强，但丰产性较低；叶形肥大的品种，一般抗旱力弱，但丰产性好。叶片寿命 30～70 天，下部叶变黄脱落早，寿命最短；上部叶寿命也比较短，因出现晚，即又随植株成熟而枯死；中部叶寿命最长。

4. 分枝和花芽分化

(1) 分枝。第一分枝形成至第一朵花出现为分枝期。此时由于花芽开始分化，故又称为花芽分化期。由于各品种对光照长短的要求不同，其分化始期也有早晚，春播大豆早于夏播大豆。

大豆每个叶腋内，有两个潜伏芽：一为分枝芽，分化成分枝；一为花芽，分化为花簇。在环境条件不良或高度密植时茎基部枝芽多呈潜伏状态，基部分枝少，结荚部位提高；稀植时，分枝多，结荚部位也低。一般只有基部几个节上长出 3～5 个分枝，中部节常形成花芽。

(2) 花芽分化。大豆的花序着生在叶腋间或茎顶端，为总状花序。一个花序上的花朵通常是簇生的，俗称花簇。每个花簇上面着生的花数一般为 15 朵左右，少的只有 7～8 朵，多者可达 30 朵以上。花序的主轴称花轴。花轴短者不足 3cm，长者在 10cm 以上。

大豆的花是蝶形花，每朵花由苞片、花萼、花冠、雄蕊和雌蕊构成。

大豆一般在开花前 25～30 天开始花芽分化，通常早熟品种分化较早晚熟品种分化较晚。大豆花芽分化期间需要充足的营养物质、较高的温度和适量的水分。一般日平均温度在 20～22℃，且昼夜温差不大，宜于分化的正常进行。

5. 开花与结荚

(1) 开花。大豆从出苗到开花一般需 50～60 天，全田开花的值株达到 10% 的日期为始花期，达到 50% 的日期为开花期，全部花已开过的株数达到 90% 的日期为终花期。

大豆的开花顺序因结荚习性而不同。有限结荚习性品种，开花期短而集中，开花顺序是由内向外，先主茎中上部各节，而后向主茎的下部及分枝开花。无限结荚习性的品种，开花期长，开花顺序是由内向外，由下而上逐渐开花，即先主茎下部各节，而后向主茎上端和分枝延续，主茎和分枝顶端的花蕾，常最后开放（图 6-2）。

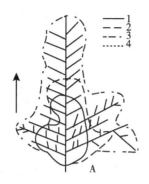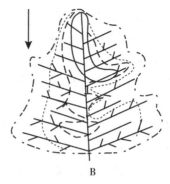

图 6-2 不同结荚习性品种的开花顺序
A. 无限结荚习性　B. 有限结荚习性

大豆每天开花时间，一般从上午 6 时开始，7—8 时最盛，下午开花很少，夜间几乎不开花。每朵花的开放时间变化在 0.5～4h，一般平均 1.5h。大豆是自花授粉作物，花朵开放前即完成授粉，天然杂交率不到 1%。

（2）结荚。大豆授粉、受精以后，子房随之膨大，形成软而小的绿色豆荚，当荚长度达到 1cm 时称为结荚。田间有 50% 的单株已结荚时，称为结荚期。

大豆荚的表皮被茸毛，个别品种无茸毛。荚色有草黄、灰褐、褐、深褐以及黑等色。豆荚形状分直形、弯镰形和弯曲程度不同的中间形。有的品种在成熟时沿荚果的背腹缝自行开裂（炸裂）。

大豆荚粒数各品种有一定的稳定性。栽培品种每荚多含 2～3 粒种子。成熟的豆荚中常有发育不全的籽粒，或者只有一个小薄片，通称秕粒。秕粒发生的主要原因：受精后结合子未得到足够营养。

大豆的结荚顺序和开花顺序相同，而且开花与结荚同步进行，所以又将开花期与结荚期统称为开花结荚期。豆荚的生长，最初是增加长度，然后是宽度，最后是增加厚度。结荚习性一般可分为无限、有限和亚有限三种类型（图 6-3）。

①无限结荚习性。此类大豆植株高大，节间长，株型松散，花梗短，荚分散，以中、下部较多，往上逐渐减少，主茎和分枝顶端节上只有 1～2 个荚，末梢不生花簇，只要环境条件适宜，顶端生长点可持续生长。始花期早，出苗后约 40 天始花，开花期长：这种类型的大豆，营养生长和生殖生长并进的时间较长，耐旱耐瘠，稳产性好，丰产性差，适于旱地及水肥条件较差的地区栽培。

②有限结荚习性。有限结荚习性的品种植株较矮，茎秆粗壮，节间短，株型紧凑，不易倒伏，花梗长，豆荚多集中在主茎节上，主茎和分枝的顶端有一个大花簇。顶端花簇出现时，顶端生长便停止。一般始花期较晚，

图 6-3 大豆结荚习性
1. 无限结荚习性　2. 亚有限结荚习性
3. 亚有限结荚习性

出苗后 50～60 天始花，花期短而集中主茎生长高度接近成株高度前不久，才在茎的中上部开始开花。此类品种对环境条件要求较高，耐肥耐水，丰产性强，稳产性差，适于水肥条件好的条件下栽培。

③亚有限结荚习性。这种结荚习性介于以上两种习性之间而偏于无限结荚习性。主茎较发达，植株较高大，分枝性较差。开花顺序由下而上，主茎结荚较多，顶端有几个荚。具有这种结荚习性的大豆，在水肥充足、密度较大时，表现出无限结荚习性的特征；反之，则又表现出近似有限结荚习性的特征。

大豆结荚习性不同的主要原因在于大豆茎秆顶端花芽分化时个体发育的株龄不同。顶芽分化时若值植株旺盛生长时期，即形成有限结荚习性，顶端叶大、花多、荚多。否则，当顶芽分化时植株已处于老龄阶段，则形成无限结结荚习性，顶端叶小、花稀、荚也少。

6. 鼓粒和成熟

大豆结荚以后，豆粒开始长大，先是宽度增长，然后顺序增加种子的长度和厚度。当豆粒达到最大体积与重量时为鼓粒期。大豆开花结荚后，约 40 天，种子即有发芽能力，50 天后的种子发芽健全整齐。

大豆鼓粒以后，植株本身逐渐衰老，根系死亡，叶片变黄脱落，种子脱水干燥，由绿变黄、变硬，呈现该品种的固有籽粒色泽和大小，并与荚皮脱离，摇动植株时荚内有轻微响声，即为成熟期。成熟的豆荚一般长 3～7cm，宽 0.5～1.5cm。豆荚的形状有直形、弯镰形、扁平形等。一般大粒种荚大，小粒种荚小，扁平豆荚籽粒也扁平。成熟时豆荚草黄色、灰褐色、褐色、黑褐色和黑色。

大豆在结荚鼓粒期，受精后的胚珠得不到适宜的生长发育条件时，种子发育不良而形成秕粒。如种子发育早期受到生理阻碍，则形成薄片状秕粒；如晚期受到生理阻碍，则种子较小而不充实。大豆秕粒的多少，因品种特性、种植密度、分枝部位、花簇着生位置及种子在荚内位置等因素而不同。一般秕粒因品种关系可达 14％～40％。

(三) 大豆的落花落荚与增花增荚

1. 大豆花荚脱落的规律

大豆花荚脱落极为普遍，严重影响产量。每株大豆蕾、花、荚脱落数一般占总花数的45％～70％。脱落的比例大致是：落蕾 10％左右、落花 60％左右、落荚 30％左右。区别落蕾、落花和落荚的标准：自花蕾形成至开花以前的脱落称为落蕾；自花朵开放至花冠萎缩，但子房尚未膨大，这一时期脱落称为落花；自子房膨大至豆荚成熟以前的脱落称为落荚。落蕾多发生在大豆开花的末期，多为花序末端及副芽花序上的花蕾，一般在它开花前7～10 天脱落；落花多在花开放后 3～5 天；落荚以开花后 7～15 天的幼荚脱落最多。花荚脱落现象在开花结荚阶段均能发生，但脱落高峰多出现在盛花末期。河北省春播大豆脱落高峰一般在 7 月下旬至 8 月上旬，夏大豆区则在 8 月下旬到 9 月上旬。

花荚脱落与品种类型有关。有限生长习性的品种花荚脱落率较低，无限生长习性品种花荚脱落率较高；从脱落部位看，无限生长习性品种植株中上部花荚脱落较多，有限生长习性品种则以下部脱落较多；同一植株上，分枝的花荚比主茎脱落多，而在同一花轴上，又以顶部花荚脱落为多。

2. 大豆花荚脱落的原因

大豆花荚脱落的原因非常复杂，但主要是由于光照、水分和养分等一系列外界环境因素供给不足或不协调导致大豆生长发育失调所致。如密度过大、通风透光不良、养分供应不足或比例失调，水分供应不合理等。此外，机械损伤、病虫为害以及自然灾害等也会造成花荚脱落。大豆落花落荚是生长发育中调节自身代谢平衡的一种生理现象。花荚脱落实际上是生物体对逆境条件的一种适应性反应。

3. 增花增荚防脱落的措施

防止落花落荚关键应抓好以密度为中心，以水肥科学管理为主导的栽培技术措施，最大限度地利用光能，协调营养生长与生殖生长的关系，从而达到多开花、多结荚和提高产量的目的。具体措施上，选用抗倒伏、高产优良品种；确定合理的种植密度；合理增施肥料、注意养分之间的配合比例；在前期，既要防止干旱，又要蹲苗，开花以后供水要充足，防止干旱，若雨水过多应及时排涝，防止田间积水；加强田间管理，及时中耕除草，调节土壤温度、湿度及通气状况，促进植株健壮生长；及时防治病虫害。

 复习题

1. 简述大豆的起源及栽培意义。

2. 简述大豆的结荚习性有哪些。

3. 大豆花荚脱落的原因、脱落规律及防止脱落的措施分别是什么？

第三节　大豆的播前准备

一、轮作换茬，精细整地

（一）轮作换茬

大豆是其他作物良好的前茬。大豆根部生有根瘤，根瘤中的根瘤菌能固定空气中的游离氮素，有提高土壤肥力的效果，大豆的残根落叶遗留在地里较多，增加了土壤中的养分和有机质，能培养地力，提高后作产量。同时种大豆的地，一般都是耕翻过的土地，生育期间又经过多次中耕除草，并且大豆封垄早郁闭强，能抑制杂草滋生，故大豆地土壤疏松杂草少，而且大豆的病虫一般不为害禾本科作物，能显著提高谷类作物产量。

大豆对土壤要求并不太严格，凡是排水良好、适宜种玉米的地方，都适宜种大豆。但以土层深厚、排水良好、保水力强、富含有机质和钙质的壤土最为理想。其他土壤必须配合施用有机肥料，才能获得丰产。

大豆耐酸性不如水稻、小麦、燕麦等作物，酸性土壤对大豆的根瘤菌发育不利，而耐酸性又不如高粱、谷子、棉花等。最适宜的土壤 pH 为 6.8～7.5，高于 9.6 或低于 3.5 大豆均不能生长。

大豆忌重茬和迎茬（隔一年复种大豆），主要表现为生长迟缓，株矮叶色淡，根瘤发育不好，易染病虫害。据调查，迎茬一般减产 4.1%～9.6%，连作减产 24.4%～31.8%。减产的主要原因是：以大豆为寄主的病害如胞囊线虫病、细菌性斑点病、立枯病等容易蔓延，为害大豆的虫害（如食心虫、蛴螬等）愈益繁殖。土壤化验结果表明，豆茬土壤的速效磷含量比谷茬、玉米茬少，重茬势必影响产量形成。另外，大豆根系分泌一种酸性物质，重茬会使这些物质增加，影响微生物和根瘤菌的发育，导致减产。因此，在大豆生产上要避免重茬、迎茬，最好与其他作物实行 3 年以上的轮作制。大豆对前茬作物要求不严格，凡是有耕翻基础的禾谷类作物（如玉米、小麦、高粱等）都是大豆的适宜前作。

（二）精细整地

大豆是深根作物，在良好耕作条件下，主根入土较深。浅耕粗作情况下，主根不发达，支根多局限于土壤表层中。耕地深度一般要求 20cm 以上，耕后耙盖保墒，旱地为保好底墒，不强调深耕太深，可浅耕而以耙盖保墒为主。

夏播大豆为了抢时，可不耕翻而直接播种，出苗后结合中耕锄掉麦茬。若采取耕翻措施时，也只宜浅耕（6～10cm）或深串灭茬，抢时播种。

二、施肥

（一）大豆的需肥规律

大豆根深叶茂，生长旺盛，籽粒富含脂肪和蛋白质。在整个生育期需要从土壤中吸收大量的氮、磷、钾营养元素，对钙、镁等元素需要也较多。据分析，每生产 100kg 大豆（小金黄一号）籽粒需要吸收 N 7.2kg、P_2O_5 1.6kg、K_2O 2.5kg，三者比例大致为 4：1：2，比水稻、玉米都高，而根瘤菌只能固定氮素，且供给大豆的氮也仅占大豆需氮量的 50%～60%。因此，还必须施用一定数量的氮、磷、钾才能满足其正常生长发育的需要。

大豆各生育期对养分的吸收量不同，总的趋势是：幼苗期植株生长缓慢，需肥较少，分枝期以后，逐渐增多，花荚期是需肥量最多的时期，尤以终花到鼓粒最多，以后逐渐减少。因此，开花期施肥是大豆增产的关键，应注意追施氮、磷肥。苗期需肥不多，但对缺磷比较敏感，供应适量氮肥能促进分枝和花芽分化，磷能促进根系发育和根瘤的形成；生育后期适当补充氮、磷肥可以促进籽粒饱满。其吸肥规律为：吸氮率，出苗和分枝期占全生育期吸氮总量的 15%，分枝至盛花期占 16.4%，盛花至结荚期占 28.3%，鼓粒期占 24%，开花至鼓粒期是大豆吸氮的高峰期；吸磷率，苗期至初花期占 17%，初花至鼓粒期占 70%，鼓粒至成熟期占 13%，大豆生长中期对磷的需要最多；吸钾率，开花前累计吸钾量占 43%，开花至鼓粒期占 39.5%，鼓粒至成熟期仍需吸收 7.2%的钾。

（二）大豆的施肥技术

根据大豆的需肥规律，为满足大豆生育对养分的需要，必须做到以基肥为主，种肥为辅，看苗追肥的原则，合理施肥，既要保证大豆有足够的营养，又要发挥根瘤菌的固氮作用。因此，无论是在生长前期或后期，施氮都不应该过量，以免影响根瘤菌生长或引起倒伏。但也必须纠正那种"大豆有根瘤菌就不需要氮肥"的错误概念。施肥要做到氮、磷、钾肥大量元素和硼、钼等微量元素合理搭配，迟效、速效肥并用。

追肥实践证明，在大豆幼苗期，根部尚未形成根瘤时，或根瘤活动弱时，适量施用氮肥可使植株生长健壮，在初花期酌情施用少量氮肥也是必要的。氮肥用量一般以每公顷施尿素 112.5～150kg 为宜。另外，花期用 0.2%～0.3% 的磷酸二氢钾水溶液或过磷酸钙水根外喷施，可增加籽粒含氮率，有明显增产作用；花期喷施 0.1% 的硼砂、硫酸铜、硫酸锰水溶液可促进籽粒饱满，增加大豆含油量。

（1）基肥：大豆对土壤有机质含量反应敏感。种植大豆前土壤施用有机肥料，可促进植株生长发育和产量提高。施用有机质含量在 6% 以上的农家肥 30～37.5t/hm² 时，可基本上保证土壤有机质含量不致下降。一般以猪圈粪效果较好，其次是骡马粪和堆肥。大豆播种前，施用有机肥料结合施用一定量的化肥尤其是氮肥，可起到促进土壤微生物繁殖的作用，效果更好。

（2）种肥：播种时施用少量氮、磷做种肥，对培育壮苗作用很大。夏播大豆来不及施基肥时，施用种肥效果更好。最好以磷酸二铵颗粒肥作种肥，用量 120～150kg/hm²。在北部地区、山区春季气温较低，为了促使大豆苗期早发，可适当施用尿素 52.5～60kg/hm²。随种下地，但要注意种、肥隔离。如土壤中缺乏微量元素，在大豆播种前可用钼酸铵、硼砂、硫酸锌拌种。

（3）追肥：追肥应围绕幼苗、开花、结荚三个生育时期考虑。根据苗情、地力和施肥基础，灵活掌握。具体方法可参阅各生育期田间管理措施。

三、选用优良品种及种子准备

（一）选用优良品种

选用良种：第一，要根据各地无霜期长短来选择生育期相适应的当地品种；第二，根据土壤肥力及地势条件来选用品种；第三，根据当地雨水条件来选用品种；第四，根据栽培方式及耕作制度选用不同类型品种。如与玉米间作，大豆要选用耐阴性强、秆强不倒、高产的品种；与小麦复种套种条件下，要选用早熟、后期鼓粒快的品种。此外，大豆集中产区，应根据生产单位的劳蓄力和机械条件，选用不同成熟期的品种，做到早、中、晚熟品种搭配，使种、管、收各项作业都不过分集中，在适期内结束，做到不误农时。

（二）种子处理

1. 精选种子

为了提高种子发芽率和纯净度，在播前精选种子，剔除破瓣、秕粒、霉粒、病粒和杂粒，留下饱满、整齐，具有该品种特征的种子，使种子纯度高于 98%、净度高于 97%，选后要做发芽试验，发芽率高于 95%。大豆不能晒种，否则，会损伤种皮影响发芽。

2. 种子处理

（1）大豆根瘤菌拌种：第一次播种大豆的地块，应进行根瘤菌拌种，有明显的增产效果。方法：2kg 菌粉加水 2.5kg 拌 50kg 大豆种子，拌后放在阴凉地方，防止阳光直射杀伤根瘤菌,待种子阴干后方可播种,拌种后不要再混用杀菌剂。

(2)微肥拌种。

①钼酸铵。用钼酸铵拌种,能促进种子萌发快而整齐,根瘤数目多,植株长势饱满充实。方法:每1kg大豆种子用0.5kg钼酸铵,溶于水中,用量为种子量的1‰,均匀拌种。注意阴干后方可播种;阴干后可以进行药剂拌种;不要用铁器拌种以免降低肥效。

②硼砂。每1kg大豆种子用0.4kg硼砂,溶于16ml热水中,溶解后拌种。

③硫酸锌。每1kg大豆种子用4~6g硫酸锌,用液量为种子的1‰,如两种以上的微肥同时使用,用液量不超过种子的1‰。

(3)药剂拌种。为防治地下害虫,常用种子量的1‰~5‰的辛硫磷或0.7‰的灵丹粉拌种,拌后闷种4h,阴干后播种,方法:50%的辛硫磷0.5kg加水10kg,可拌种200kg大豆种子。

为减轻病菌对种子的感染,常甩杀菌剂拌种。如福美双、克菌丹(50%的可湿性粉剂)、多菌灵(48%的胶悬剂),施用量为种子重量的0.3%。

复习题

1. 大豆为什么不宜重茬和迎茬?

2. 大豆的需肥规律是什么?应如何掌握施肥的原则?

3. 大豆有根瘤固氮菌,为什么还要施用氮肥?

4. 大豆选用良种应注意哪些原则?应如何进行种子处理?

第四节 大豆的播种

一、合理密植

大豆的种植密度必须合适,过稀过密都不好。过稀时,个体生长虽健壮,分枝多,荚多粒多,单株产量高,但总产不高。过密时,互相遮阴,通风透风不良,株间湿度大,温度低,使植株细弱易倒,下部叶片发黄早落,根系发育不良,花荚脱落多而减产。

在确定合理密植时,要根据大豆品种的特性、土壤肥力、气温以及播种方式等而定。本着肥地宜稀、瘦地宜密;植株高大,分枝型品种宜稀,植株矮小,独秆型品种宜密;晚熟品种宜稀,早熟品种宜密;早播宜稀,晚播宜密;气温高的地区宜稀,气温低的地区宜密的原则,因地制宜地确定大豆的种植密度。河北省春播大豆在地力好的条件下,一般15万~19.5万株/hm²;地力中等19.5万~25.5万株/hm²;地力差25.5万~30万株/hm²;夏播大豆植株矮,分枝少,可增至30万~45万株/hm²。

二、适期播种,提高播种质量

(一)播期

春大豆区决定播种期的主导因素是温度。一般以上壤5~10cm,土壤温度稳定在10~12℃

即可播种。一个地区、一个地点的大豆具体播种时间，需视大豆品种生育期的长短、土壤墒情好差而定。早熟的品种晚播，晚熟的早播，土壤墒情好晚播，墒情差应抢墒播种。

一般河北省平原地区以4月中旬为宜。丘陵坡地要比平地早些，以充分利用返浆期的墒情。

夏播大豆，要及时整地，抢时早播，播期越晚产量越低，以不迟于6月中旬为宜。

（二）播种方法

（1）条播：适用于耕作条件好、水肥充足、易保苗的地区和地块。条播能充分发挥个体的增产作用。由于苗全苗匀，群体结构合理，有利于增产。春大豆条播行距为40～50cm，夏大豆为26～40cm。

（2）穴播：适用于整地不好、杂草多、苗期虫害多等不易保苗的地区和地块。按一定距离成穴种植大豆，每穴播种4～6粒，出苗后每穴一般留苗3株。

（3）点播：按密度要求在苗带上等距离点种单粒或双粒，是一种精量播种方法。

（三）播种技术

大豆的播种量要根据计划的密度要求、种粒大小和发芽率情况以及播种方式而定。生产上一般用种量为75～90kg/hm²。大豆的播种深度对出苗影响很大，应根据籽粒大小、土质、墒情而定。小粒种子、墒情不好、土质疏松宜深在4～6cm；反之则浅在3～4cm。播后要进行镇压，以利接墒，出苗整齐。夏大豆要浅播，播后要根据墒情，适时镇压。

 复 习 题

1. 简述大豆种子萌发、出苗对环境条件的要求。

2. 简述确定大豆合理密植的原则。

3. 简述大豆播种的方法及播种技术。

第五节　大豆的田间管理

一、幼苗分枝期的管理

（一）生育特点及对环境条件的要求

1. 生育特点

大豆幼苗期，主根下扎，侧根数量增加很快，根瘤开始形成，复叶接连出现，根部需水需肥能力逐渐增强，地下部生长速度超过地上部分，对土壤湿度和温度很敏感，较低温度和湿润的土壤均有利于根系的生长。

大豆分枝期主根继续深扎形成庞大根系，腋芽开始形成分枝，主茎变粗、伸长，复叶相继出现，主茎和分枝上的花芽开始分化，营养生长和生殖生长开始同时并进，但仍以营养生长为主，生长速度加快，这时要求温度适当，通风良好和肥水充足的土壤环境，有利于形成壮苗。

2. 对环境条件的关系

(1) 温度。大豆幼苗期正常生长温度为 15～18℃，适宜温度为 20～22℃，且温差不宜太大，夜间温度低于 15℃时幼苗生长即受阻碍。但大豆幼苗能耐短时间的低温，短时间出现－0.5～5℃的低温时，幼苗不呈现受害现象，但低温时间过久则易受冻。分枝期生育的最低温度为 16～17℃，正常生育的温度为 18～19℃。花芽分化适宜温度在 20～25℃温度较高，花芽分化加快，温度低于 13℃，则花芽分化迟缓。

(2) 水分。大豆幼苗茎叶面积较小，蒸腾量少，有一定的耐旱能力，此期所需水分占一生总耗水量的 13％左右，适宜土壤为持水量的 50％～60％。水分过少，生长迟缓，水分过多，则易引起倒伏。分枝期所需水分约占一生耗水量的 17％，要求土壤持水量 50％～60％为宜。花芽分化期土壤水分过多或过少都会影响花芽分化，以土壤持水量的 50％～60％为宜。

(3) 养分。大豆幼苗期对营养物质要求较少，子叶中的营养物质以及幼苗制造的营养物质主要供给根的生长，虽然此时根瘤已逐渐形成，但固氮能力很弱，根系吸收能力也不强。因此，在肥力瘠薄的土壤上，大豆长到三四节时往往表现出营养缺乏，应注意补充养分加强田间管理，促进大豆生长正常，发育良好，为以后增花保荚打下良好基础。

大豆分枝期是营养生长开始转向生殖生长的时期，但仍以营养生长为主。此时期的营养分配除仍有一部分输送给根系外，主要集中供给主茎生长点和分枝芽。分枝期如能获得足够的养分，不仅主茎和根系生长良好。同时也促进分枝和花芽发育。如养分供应不足，不能形成分枝，或者形成生长缓慢而细弱的分枝，常为无效分枝而产量降低。

(4) 光照。大豆是典型的短日照作物，在形成花芽时，每天要求一定连续不断的黑暗条件。当每天连续黑暗缩短到一定程度后，因短光照，遗传性的要求得不到满足，植株便中止进行花芽分化，将不能开花而只生长茎叶，反之，当每天连续黑暗延长到一定程度，便可提早开花成熟。

(二) 管理措施

(1) 查苗补种：大豆出苗后及时查苗，发现缺苗断垄的应及时补种，以确保种植密度。缺苗未及时补种的地块，应在大豆单叶到第一复叶期间趁阴天或晴天的下午 4 时以后，将备用苗带土移栽于缺苗处，覆土后浇水，待水渗下后及时用土封埯。

(2) 及时间苗：大豆出苗后，往往有稀密不匀的情况，影响个体发育。间苗可保证苗匀，使幼苗均匀分布生长，个体健壮，分枝多，花芽多，籽粒饱满。夏大豆苗期温度高，生长快，更应注意及时间苗。间苗时间宜早不宜晚，以大豆子叶刚展开时至两片真叶期进行为宜。原则是去弱留壮，去小留大，去杂留纯。三叶时期，再根据种植密度要求定苗。夏大豆生长迅速，间苗、定苗要一次进行。

(3) 中耕除草：大豆中耕一般 3～4 次。头遍锄地应在豆苗出齐后，晾晒 1～2 天进行，锄地深度要求 10～12cm；第二遍锄地最好在头遍后 7～10 天进行，要求深度 8～10cm。封垄之前锄、趟第三遍，趟地深度 7～8cm。以后根据杂草、降雨及土壤板结等情况酌情增加中耕次数。开花封行后停止中耕。

（4）化学除草：目前应用的除草剂类型多，更新也快。大豆除草剂的使用方法如下：氟乐灵（48%）乳剂播前土壤处理剂。于播种前 5～7 天施药，施药后 2h 内应及时混土。

土壤有机质含量在 3% 以下时，用药 0.9～1.65kg/hm²；有机质含量在 3%～5%，用药 1.65～2.1kg/hm²；有机质含量在 5% 以上，用药 2.1～2.55kg/hm²。应注意施用过氟乐灵的地块，次年不宜种高粱、谷子，以免发生药害。如兼防禾本科杂草与阔叶杂草时，应先防阔叶杂草，后防禾本科杂草。喷药时应注意风向，以免危及邻地作物的安全。

此外，10% 禾草克乳油、12.5% 盖草能乳油等也可用来防治禾本科杂草，用药量为 0.75～1.05kg/hm²。

出苗后为防治阔叶杂草，当杂草 2～5 叶时，用虎威 1.05kg/hm²，或杂草焚、达可尔 1.05～1.5kg/hm² 喷施。60% 的豆乙微乳剂（有效成分 900g/hm²）在播种后立即喷药，喷药量为 750kg/hm² 时，除草效果要显著好于单用 50% 乙草胺乳油的效果。

（5）苗期追肥：瘠薄地块和未施底肥、种肥的地块，应追施适量的速效性氮和磷肥，可促进幼苗生长，分枝形成和花芽分化。追肥量要看苗情而定，一般结合中耕施硫酸铵 75～105kg/hm²，过磷酸钙 105～225kg/hm²。

（6）防治病虫害：苗期主要害虫有黑绒金龟甲、蒙古灰象甲、二条甲等，分枝期主要有蚜虫、豆秆蝇等。幼苗分枝期的主要病害有立枯病、孢囊线虫病等。要加强病虫的预测预报及田间检查工作，明确发生的种类、范围和为害程度，并及时采取有效措施进行防治。

二、开花结荚期的管理

（一）生育特点及对环境条件的要求

1. 生育特点

花荚期是大豆生长发育最旺盛、营养生长和生殖生长并进的时期，对光照、水分、养分、都有强烈的要求。此期个体与群体的矛盾，营养生长与生殖生长的矛盾，大豆与外界环境条件的矛盾均是比较突出的。因此，在培育壮苗促进花芽分化的基础上，以防止或减少花荚脱落为中心，以增花保荚为目标，是这一阶段田间管理的主攻方向。在措施上要促控结合。既要使植株体内积累更多的营养物质，供给花荚需要，又要控制徒长，防止倒伏。

2. 对环境条件的要求

（1）温度。大豆开花结荚时最低温度为 17～18℃，最适宜的温度为 22～29℃，若低于 16℃，开花不良，增加花、荚脱落。

（2）水分。开花结荚时期需要大量的水分，一方面是由于这个时期叶面积大，植株干物质的积累速度明显上升，另一方面也由于春大豆正处于全年气温最高，日照最长的季节，蒸腾作用十分强烈，如土壤干旱或水分供应不足，将会影响植株正常发育。适宜的土壤水分为田间持水量为 70%～80%。

（3）养分。开花结荚时期需要大量的养分，氮素积累速度都达到了高峰，如果土壤养分贫乏或释放养分速度远跟不上植株的需要，首先要影响生殖生长，表现为花数急剧减少和花的大量脱落；同样影响营养生长，表现为不繁茂，失去高产植株应有的特征，导致减产。此期，累积吸收氮素应达总量的 60%。

(4) 光照。开花结荚期需要充足的光照。大豆相当于一生 1/4 时间的开花时期，大致形成植株总高度、总叶面积、总干重的 1/2 以上，为了满足大豆这个时期合成大量营养物质和新器官的需要，没有足够的光照和良好的株间通风透光条件是不行的。如连日阴雨，田间密度过大，因光线不足，中下部叶片容易脱落，将出现开花数减少，花、荚脱落增多。

(二) 管理措施

1. 追施花肥

开花结荚期需要大量养分。因此，施花肥对增花保荚有明显作用。尤其在土质瘠薄，不能及时封垄的地块，以及苗期没有追肥的，可以施硫酸铵 $150kg/hm^2$、磷酸钙 $225kg/hm^2$。在土壤比较肥沃，又施足基肥、种肥和进行苗期追肥的情况下，植株生长健壮繁茂时，也可不施花肥，以免造成徒长倒伏，花荚脱落，降低产量。由于大豆根系对吸收磷肥的能力逐渐降低，可采用根外追肥的方法进行施肥，用 2%～3% 的过磷酸钙溶液 225～$1125kg/hm^2$ 喷洒于植株上。也可用 5%～10% 的氮、磷、钾混合液进行根外施肥。

磷肥和钼肥结合施用效果很好。在过磷酸钙溶液中加入 10～13g 钼酸铵，搅拌均匀即可使用，钼肥也可单独使用，一般每 50kg 水加钼酸铵 20～25g，制成溶液，用量为 275～$450kg/hm^2$。

2. 及时灌溉

开花结荚期是大豆耗水量的高峰期。因这时气温高，日照长，叶面积大，蒸腾耗水多。大豆浇水次数、时期和浇水量，必须因地制宜灵活掌握，要根据植株长相、品种特性、气候和土质等情况而定。

大豆灌水方法因各地气候条件、栽培方式、水利设施等情况而定，主要有喷灌、沟灌和畦灌三种。喷灌效果好于沟灌，能节用水 40%～50%。沟灌又优于畦灌。生产上垄作沟灌效果好，沟灌分为逐沟灌和隔沟灌两种形式，一般采用隔沟灌较好，但特别干旱和地下水位低、土壤漏水的地块，采用逐沟灌为宜。平播大豆可畦灌，但需要精细平整土地打埂做畦。

在搞好灌溉的同时，也要注意排涝，特别是雨水多的低洼易涝地，大豆不耐涝，注意防止涝灾。

3. 摘心

大豆在水肥条件充足，或生育后期多雨年份，容易发生徒长倒伏，尤其是无限结荚习性品种。一旦发生倒伏，不仅影响产量，降低品质，也给收割造成困难。

摘心可以控制营养生长，促进养分重新分配，集中供给花荚，有利于保花保荚，控制徒长，防止倒伏，促进早熟，提高产量。据试验，盛花期摘心可增产 7%～20%。

摘心在盛花期或接近终花时进行，一般摘去大豆主茎顶端 2cm 左右。有限结荚习性品种和瘠薄地不宜摘心。

4. 应用生长调节剂

合理地使用生长调节剂，可以控制大豆的营养生长，增强生殖生长。使茎变粗，节缩短，保花保荚，促进代谢，增粒增重，促进早熟。应根据大豆的长势选择适当的剂型。常用生长调节剂有以下 3 种。

(1) 三碘苯甲酸 (简称 TIBA)。有抑制大豆营养生长、增花增粒、矮化壮秆和促进早熟的作用,增产幅度 5%～15%。对于生长繁茂的晚熟种效果更佳。初花期每公顷喷药 45g,盛花期喷药 75g。此药溶于醚、醇而不溶于水,药液配成 2000～4000mol/L,在晴天下午 4 时以后喷施,喷后遇雨药量减半重喷。

(2) 增产灵 (4-碘苯氧醋酸)。能促进大豆生长发育,为内吸剂,喷后 6h 即为大豆所吸收,盛花期和结荚期喷施,浓度为 200mol/L。该药溶于酒精中,药液如发生沉淀,可加少量纯碱,促进其溶解。

(3) 矮壮素 (2-氯乙基三甲基氯铵)。能使大豆缩短节间,茎秆粗壮,叶片加厚,叶色深绿,还可防止倒伏。于花期喷施,能抑制大豆徒长。喷药浓度 0.125%～0.25%。

5. 防治病虫害

大豆在开花结荚期常发生大豆蚜、食心虫、豆天蛾、造桥虫和红蜘蛛等为害。高温多湿,豆天蛾、造桥虫易发生。高温干旱则大豆蚜、红蜘蛛易发生,要注意及时防治。

三、鼓粒成熟期的管理

(一) 生长发育特点

大豆鼓粒期,营养生长已停止,而生殖生长正旺盛进行,植株体内有机营养大量向籽粒转移,籽粒逐渐膨大,是大豆干物质积累最多的时期。成熟期营养生长和生殖生长都已经停止,需要充足阳光和干燥的环境,利于籽粒脱水和成熟。

(二) 对环境条件的要求

(1) 温度:鼓粒期最适温度为 21～23℃,低于 13～15℃,将影响籽实灌浆鼓粒。鼓粒成熟期,白天较高的气温及夜间相对较低的气温有利于干物质的积累。大豆不耐高温,温度超过 40℃,坐荚率减少 57%～71%。

(2) 水分:从结荚到鼓粒期间,要求土壤水分充足,以保证籽粒发育,如果土壤水分不足就会造成幼荚脱落和秕荚、秕粒。要求土壤持水量占田间持水量的 85% 以上为宜,低于田间持水量 75% 应及时灌溉。

(3) 养分:结荚鼓粒期对矿质养分的要求虽然已经下降,但根系吸收能力还较强,根瘤菌固氮作用已开始衰退,因此,防止脱肥,满足生育对营养的需要,对籽粒形成和产量的提高仍然是很重要的。

(4) 光照:结荚鼓粒期,植株的每个叶层都要求充足的光照,这主要是由于叶片的光合产物几乎供给本叶腋的生殖器官的需要,极少供给相邻叶腋下的生殖器官需要。因此,某个叶片光照不足,光合产物少,某个叶片叶腋的生殖器官必然遭到饥饿,造成秕荚、秕粒。充足光照有利于灌浆成熟。

(三) 田间管理错施

(1) 叶面喷肥:大豆鼓粒初期,用 120kg/hm² 尿素兑水 600kg 或 4.5kg 磷酸铵兑水 600kg

叶面喷洒，效果较好。还可将几种化肥混合施用，各种肥料的浓度分别为尿素 2%、过磷酸钙 0.42%、硫酸钾 0.42%、硼酸 0.05%、钼酸铵 0.05%，喷洒 600kg/hm² 混合水溶液。

（2）灌溉：鼓粒期，大豆需水较多。当土壤含水量低于田间持水量的 75% 时，需及时灌水。

（3）拔除田间杂草：在大豆鼓粒期杂草种子未成熟前，人工拔出田间杂草，有利于大豆生育，增加荚数和粒重，而且对于收获、晾晒、脱粒均有益处，还可显著减少大豆后作田间杂草。

（4）防治病虫害：为害大豆的病虫害主要有大豆食心虫、豆荚螟及灰斑病等。

四、收获与储藏

（一）收获适期

大豆鼓粒期后，植株茎叶逐渐变黄，种粒干物质积累达到高峰，即达生理成熟阶段。大豆适宜收获期，因收获方法而不同。人工收获应在黄熟末期进行。此时植株已全部成黄褐色，除个别品种外，茎和荚全部变黄，呈现品种固有的色泽，荚中籽粒与荚壁脱离；机械收获应在完熟期进行。此时，除个别品种外，豆叶全部脱落，茎荚和籽粒均呈现品种的固有色泽，籽粒含水量 20%～25%，用手摇有响声。

机械联合收割时，割茬高度以不留荚为度，一般为 5cm。要求综合损失不超过 4%。人工收割时，要求割茬低，不留荚，放铺规整，及时脱打，损失率不超过 2%。

脱粒后进行机械或人工清选，使商品质量达到国家规定的三等以上标准。利用大豆机械干燥时，只能在 40～45℃温度范围内进行干燥。经过 5～6h，种子含水量可降到 12%～13%。

（二）大豆的储藏

大豆籽粒不耐储藏，这是因为大豆籽粒中含有大量的蛋白质和油分，当含水量超过 13% 且气温较高时，新陈代谢加强，营养物质损耗，含油量和粒重降低，发芽率丧失。当空气湿度大时，则大豆种皮变色，油的酸度上升，有机质分解以至腐烂变质。大豆籽粒储藏前必须充分晾晒，使含水量达到规定含水量（12%）时，再入仓储藏。储藏温度应保持在 2～10℃，并时时注意仓内温度的变化，定期进行检查和管理。种用大豆，如数量不多，可装麻袋堆放，并经常测定发芽率和发芽势。

 复习题

1. 简述大豆分枝期的生育特点、对环境条件的要求及田间管理措施。
2. 简述大豆摘心的作用、时间及应注意的问题。
3. 简述大豆结荚期灌溉的方法。
4. 大豆结荚期应如何施用生长调节剂？
5. 简述大豆鼓粒期的生育特点及对环境条件的要求有哪些？
6. 如何判断简述大豆的收获适期？
7. 简述大豆主要病害防治技术。
8. 大豆田杂草如何防治？

参考文献

［1］于振文.植物栽培学各论（北方本）［M］.北京：中国农业出版社，2009.

［2］李彦生，杨立国.作物生产［M］.石家庄：河北科学技术出版社，2009.

［3］高书国，周印富，宋士清.作物生产技术［M］.石家庄：河北科学技术出版社，1999.

［4］全国职业高中种植类专业教材编写组.作物栽培技术（北方本）［M］.北京：高等教育出版社，1997.

参考文献